中华文化风采录

绝美自然风景

梦幻的自然

刘晓丽 编著

U0213869

北方妇女儿童出版社
·长春·

版权所有　侵权必究

图书在版编目(CIP)数据

　　梦幻的自然 / 刘晓丽编著. —长春 ： 北方妇女
儿童出版社，2017.1（2022.8重印）
　　（绝美自然风景）
　　ISBN 978-7-5585-0670-3

　　Ⅰ．①梦… Ⅱ．①刘… Ⅲ．①自然保护区－介绍－
中国 Ⅳ．①S759.992

　　中国版本图书馆CIP数据核字(2016)第305981号

梦幻的自然

MENGHUAN DE ZIRAN

出 版 人	师晓晖	
责任编辑	吴　桐	
开　　本	700mm×1000mm　1/16	
印　　张	6	
字　　数	85千字	
版　　次	2017年1月第1版	
印　　次	2022年8月第3次印刷	
印　　刷	永清县晔盛亚胶印有限公司	
出　　版	北方妇女儿童出版社	
发　　行	北方妇女儿童出版社	
地　　址	长春市福祉大路5788号	
电　　话	总编办：0431-81629600	

定　　价　　36.00元

习近平总书记说："提高国家文化软实力，要努力展示中华文化独特魅力。在5000多年文明发展进程中，中华民族创造了博大精深的灿烂文化，要使中华民族最基本的文化基因与当代文化相适应、与现代社会相协调，以人们喜闻乐见、具有广泛参与性的方式推广开来，把跨越时空、超越国度、富有永恒魅力、具有当代价值的文化精神弘扬起来，把继承传统优秀文化又弘扬时代精神、立足本国又面向世界的当代中国文化创新成果传播出去。"

为此，党和政府十分重视优秀的先进的文化建设，特别是随着经济的腾飞，提出了中华文化伟大复兴的号召。当然，要实现中华文化伟大复兴，首先要站在传统文化前沿，薪火相传，一脉相承，弘扬和发展5000多年来优秀的、光明的、先进的、科学的、文明的和自豪的文化，融合古今中外一切文化精华，构建具有中国特色的现代民族文化，向世界和未来展示中华民族具有独特魅力的文化风采。

中华文化就是中华民族及其祖先所创造的、为中华民族世世代代所继承发展的、具有鲜明民族特色而内涵博大精深的优良传统文化，历史十分悠久，流传非常广泛，在世界上拥有巨大的影响力，是世界上唯一绵延不绝而从没中断的古老文化，并始终充满了生机与活力。

浩浩历史长河，熊熊文明薪火，中华文化源远流长，滚滚黄河、滔滔长江是最直接的源头，这两大文化浪涛经过千百年冲刷洗礼和不断交流、融合以及沉淀，最终形成了求同存异、兼收并蓄的辉煌灿烂的中华文明。

中华文化曾是东方文化的摇篮，也是推动整个世界始终发展的动力。早在500年前，中华文化催生了欧洲文艺复兴运动和地理大发现。在200年前，中华文化推动了欧洲启蒙运动和现代思想。中国四大发明先后传到西方，对于促进西方工业社会形成和发展曾起到了重要作用。中国文化最具博大性和包容性，所以世界各国都已经掀起中国文化热。

中华文化的力量，已经深深熔铸到我们的生命力、创造力和凝聚力中，是我们民族的基因。中华民族的精神，也已深深根植于绵延数千年的优秀文化传统之中，是我们的精神家园。但是，当我们为中华文化而自豪时，也要正视其在近代衰微的历史。相对于5000年的灿烂文化来说，这仅仅是短暂的低潮，是喷薄前的力量积聚。

中国文化博大精深，是中华各族人民5000多年来创造、传承下来的物质文明和精神文明的总和，其内容包罗万象，浩若星汉，具有很强的文化纵深感，蕴含丰富的宝藏。传承和弘扬优秀民族文化传统，保护民族文化遗产，已经受到社会各界重视。这不但对中华民族复兴大业具有深远意义，而且对人类文化多样性保护也有重要贡献。

特别是我国经过伟大的改革开放，已经开始崛起与复兴。但文化是立国之根，大国崛起最终体现在文化的繁荣发展上。特别是当今我国走大国和平崛起之路的过程，必然也是我国文化实现伟大复兴的过程。随着中国文化的软实力增强，能够有力加快我们融入世界的步伐，推动我们为人类进步做出更大贡献。

为此，在有关部门和专家指导下，我们搜集、整理了大量古今资料和最新研究成果，特别编撰了本套图书。主要包括传统建筑艺术、千秋圣殿奇观、历来古景风采、古老历史遗产、昔日瑰宝工艺、绝美自然风景、丰富民俗文化、美好生活品质、国粹书画魅力、浩瀚经典宝库等，充分显示了中华民族厚重的文化底蕴和强大的民族凝聚力，具有极强的系统性、广博性和规模性。

本套图书全景展现，包罗万象；故事讲述，语言通俗；图文并茂，形象直观；古风古雅，格调温馨，具有很强的可读性、欣赏性和知识性，能够让广大读者全面触摸和感受中国文化的内涵与魅力，增强民族自尊心和文化自豪感，并能很好地继承和弘扬中国文化，创造未来中国特色的先进民族文化，引领中华民族走向伟大复兴，在未来世界的舞台上，在中华复兴的绚丽之梦里，展现出龙飞凤舞的独特魅力。

童话世界——四川九寨沟

藏龙之山——四川黄龙

大自然迷宫——湖南武陵源

四川九寨沟

九寨沟位于四川省阿坝藏族羌族自治州境内，是白水沟上游白河的支沟，因为有9个藏族村寨而得名。

九寨沟景区长约6千米，面积6万多公顷，有长海、剑岩、诺日朗、树正、扎如、黑海六大景观，以水景最为奇丽。

"九寨归来不看水"，水是九寨沟的精灵。泉、瀑、河、滩将108个湖泊连缀一体，碧蓝澄澈，千颜万色，多姿多彩，异常洁净，有"童话世界"之誉。

传说九个姑娘分别住的村寨

在当地，关于九寨沟的起源有很多传说。其中，九仙女消灭蛇魔扎的传说，最为当地人津津乐道。

相传古时候，在九寨沟这个地方，有一位大山神，名叫比央朵明热巴，主管草木万物。大山神有9个女儿，个个美貌贤惠，勤劳善良。

九寨沟风光

女儿们一天天长大，大山神显得越来越忧愁。他在水晶般的大岩石中，建造了秀丽舒适的楼阁庭院，将女儿们锁在里面，不让她们外出。

日子久了，姑娘们感到非常寂寞，她们非常渴望到水晶房外面去游玩。姑娘们深知父亲不会允

■ 九寨沟风光

许，在左右为难之际，她们思来想去，决定变成彩蝶或蜜蜂，随父亲走出大山，看看外面的世界。

不久，大姐依计而行，暗中学会了父亲开关山门的方法。

这一天，趁父亲外出，大姐领着众妹妹化为彩蝶到外面游玩去了。正午时候，姑娘们来到十二山峰上，看见地上沟谷纵横，毒烟四起，民不聊生，鸟兽也不能幸免。

稍后，9位姑娘在一处破屋子里见到一位病重的老妈妈，老妈妈劝姑娘们赶快离开此地。

多年来，有一个叫蛇魔扎的妖魔在这里作恶，说是要吸10万个生灵的精血，才能得道成仙。溪流中，全是妖魔投放的毒物，所以，弄得这里乌烟瘴气。

姑娘们听了这番话，猛然间明白了他们阿爸忧愁

传说 是口头文学的一种形式，与神话、笑话、史诗、说唱、民谣等并为民间文学的样式，并为书面文学提供了素材。传说可以解释为辗转述说，也可说是流传，不能够确定。传说，是最早的口头叙事文学之一。由神话演变而来但又有一定历史性的故事，或人民口头上流传下来的关于某人事的叙述。

■九寨沟石刻

梦幻的自然

的原委，于是便问老妈妈："既然如此，比央朵明热巴大神为什么不管呢？"

老妈妈说："他啊，管是管了，但是，每次都败给妖魔啊！"

姑娘们听说后，大惊失色，她们急忙返回家里，聚在屋中共同商量灭妖的事情。

大姐很聪明，她对妹妹们说："哎呀，我们怎么忘了？阿舅本领高强！阿爸的本事也是他教的，为什么不请他灭妖呢？"

姐妹们恍然大悟，主意定下后，接下来她们又愁开了。因为，她们不知阿舅住在哪里。

不久，大姐从阿爸房中取出图纸，得知阿舅住在西方。于是，大姐和众姐妹化为9条飞龙，出了水晶屋，直往西天而去。一路上，她们经历千难万险，终于到了一处烟波浩渺的洞府门前。

姑娘们正在犹豫如何进洞的时候，只见半空一团祥云飘来，她们仔细一看，祥云里有个天神模样的人，正是姑娘们的舅舅，他是金刚降魔神雍忠萨玛。

舅舅见了姑娘们，明白了事情的原委，于是，他取出玉石绣花针筒一个和一串绿色宝石递给姑娘们。

他说："这针筒是你们阿妈炼成的万宝金针，遇见蛇魔扎，只要把金针筒对着妖魔，叫声你们阿妈的名字，万根金针就会刺破妖魔的眼珠和心脏；如果还不行，你们再连叫三声我的名字，我就会来协助你们。妖魔死后，你们将这绿宝石串珠撒在十二山峰之间，那里就会恢复生机。"

姑娘们记牢舅舅的话，回到十二山峰脚下来战蛇魔扎，不料，蛇魔扎果然法力了不得，挣扎中将地上的污水卷起滔天巨浪，冲毁了许多田地和房舍。

姑娘们见此情景，急忙呼唤舅舅名字。突然，天空霹雳一声，就见一面闪烁着金光的大镜子插在洪水里面，洪水立即消失，而蛇魔扎的头则血淋淋的挂在宝镜前。

姑娘们便急忙跪拜谢舅舅。正在这时候，比央朵明热巴急得浑身是汗跑来相助，他飞到十二山峰下一看，见恶魔已经死了，顿时明白了大半，一时间大喜过望，连夸女儿们能干。

随后，姑娘们将绿宝石全都撒向十二山峰下。霎时，十二山峰变得山清水秀，林木苍翠。宝石落地砸出的坑成了湖泊，线则成了溪流瀑布。后来，9个姑娘分别嫁给了9个强壮的藏族青年，他们分别住在9个藏族村寨里。于是，后人便称这个地方为九寨沟。

九寨沟位于四川省阿坝藏族羌族自治州九寨沟县境内，东临甘肃省文县，北部与甘肃省舟曲、迭部两县连界，西接四川省若尔盖县，

■ 九寨沟风光

跪拜　跪而磕头。在我国的旧习惯中，作为臣服、崇拜或高度恭敬的表示。古人席地而坐，"坐"在地席上俯身行礼，自然而然，从平民到士大夫皆是如此，并无卑贱之意。只是到了后世由于桌椅的出现，长者坐于椅子上，拜者跪、坐于地上，"跪拜"才变成了不平等的概念。

■九寨沟雪峰

喀斯特 "喀斯特"一词即为岩溶地貌的代称。由喀斯特作用所造成的地貌，称喀斯特地貌。"喀斯特"原是南斯拉夫西北部伊斯特拉半岛上的石灰岩高原的地名，意思是岩石裸露的地方。那里有着发育典型的岩溶地貌。我国是世界上对喀斯特地貌现象记述和研究最早的国家。

南部同四川省平武、松潘接壤。

　　九寨沟是九寨沟县境内白水沟上游白河的支沟。独特的地理条件，造就了它独一无二的自然景观。

　　这里原始森林覆盖率达65％以上，生态环境奇特，自然资源极为丰富。沟内分布着108个湖泊，更有雪峰、叠瀑、翠湖和彩林等世界奇观，因此素有"童话世界""人间天堂"的美誉。

　　九寨沟属于四川盆地向青藏高原过渡的边缘地带，属松潘、甘孜地槽区，恰好是我国第二级地貌阶梯的坎前部分，在地貌形态变化最大的裂点线上。地势南高北低，有高山、峡谷、湖泊、瀑布、溪流、山间平原等多种形态。

　　九寨沟地貌属高山狭谷类型，山峰的海拔高度大多在3500米至4500米，最高峰嘎尔纳峰海拔约4800米，最低点羊峒海拔2000米。整个区内沟壑纵横，重峦叠嶂。

翠湖、叠瀑的形成，是由于地壳变化、冰川运动、岩溶地貌和钙华加积等多种因素造就的。

在距今4亿年前的古生代，九寨沟还是一片汪洋，由于喜马拉雅造山运动的影响，使地壳发生了急剧的变化，山体在快速不均衡隆起的过程中，经冰川和流水的侵蚀，形成了角峰突起、谷深岭高的地貌形态。

另外，由于地震等因素引起的岩壁崩塌、滑落，泥石流堆积，石灰溶蚀和钙华加积等多种地质作用，导致了沟谷群湖的产生，叠瀑越堤飞出。因此，九寨沟景观的雏形早在两三百万年以前就已经形成。

九寨沟的喀斯特地貌是造就悬壁、形成瀑布的先决条件。在台式断裂的抬升面上，堆积了泥石流等堆积物，后经喀斯特作用，钙华加积，增加了瀑布高度，形成了今天壮观的诺日朗瀑布。

30多米高的悬崖上，湍急的流水陡然跌落，气势雄伟。较发达的

■九寨沟雪峰

冰川地貌和岩溶地貌为九寨沟的风光奠定了地形地貌的基础。

九寨沟的山水形成于第四纪古冰川时期。随着冰川期气候的到来，高山上发育了冰川，山谷冰川又伸展到了海拔2800米的谷底，留下了多道终碛、侧碛，形成堤埂，阻塞流水而形成了堰塞湖。长海就是形成的堰塞湖。

至今，这里仍保存着第四纪古冰川的遗迹，冰斗、冰谷十分典型，悬谷、槽谷独具风韵。

钙华指的是湖泊、河流或泉水所形成的以碳酸钙为主的沉积物。九寨沟的钙华有着自身的特点。由于流水、生物喀斯特等综合作用，以钙华附着沉积形成了池海堤垣。

随着时间的推移，钙华层层堆高，垂直河流的方向形成了大小不等的钙华堤坝，堵塞水流形成了湖泊或阶梯状的海子群。水流的外溢下泻，又形成了高大的瀑布或低矮的跌水，加上一些水生植物如苔藓及藻类的繁衍，不少湖泊就变得五彩缤纷，造就了九寨沟多姿多彩的独特景观。

阅读链接

很久以前，色尔古藏寨的土司有一个聪明漂亮的女儿，名字叫作格桑美朵，格桑美朵是寨中所有男子的梦中情人。后来，格桑美朵爱上了英俊、勇敢的桑吉土司。

格桑美朵和桑吉土司结婚不久，寨子里就发生了一场特别可怕的瘟疫，桑吉土司为了拯救全寨子的百姓决定去寻找千年"雪莲花"。

美丽善良的妻子格桑美朵决定和丈夫一起去带回雪莲花拯救全寨百姓。经过一年多的艰苦跋涉，终于如愿以偿，找到了千年"雪莲花"，并带回到寨子治好了百姓的病。

丰富的动植物资源

　　九寨沟的动植物以及独特的地理环境，构成了一幅令人称奇的自然景观。九寨沟山地切割较深，高低悬殊，植物垂直带谱明显，植被类型多样，植物区系成分十分丰富。九寨沟的森林有近2万公顷，密布

■ 九寨沟的林与海

在2000米至4000米的高山上。主要树种有红松、云杉、冷杉、赤桦、领春木和连香树等。

区内有高等植物2576种，其中国家保护植物24种；低等植物400余种，其中藻类植物212种，而且有40种植物属四川省首次发现的特别物种，为九寨沟独有。

九寨沟莽莽的林海，随着季节的变化，也会呈现瑰丽的色彩变化。初春的山间丛林，红、黄、紫、白、蓝各种颜色的杜鹃花点缀其间，山桃花、野梨花也都争相吐艳，夹杂着嫩绿的树木新叶，使整个林海繁花似锦。

盛夏是绿色的海洋，新绿、翠绿、浓绿、黛绿，绿得那样丰富，显现出旺盛的生命力。

深秋，深橙色的黄栌，浅黄色的椴叶，绛红色的枫叶，殷红色的野果，深浅相间，错落有致，真可谓万山红遍，层林尽染。在暖色调

九寨沟秋景

的衬托下，蓝天、白云、雪峰和彩林倒映于湖中，呈现光怪陆离的水景。

入冬，白雪皑皑，冰幔晶莹洁白，莽莽林海，似玉树琼花。银装素裹的九寨沟显得洁白、高雅，像是置放在白色瓷盘中的蓝宝石，更加璀璨夺目。

九寨沟的枫树属落叶乔木，树身伟岸。春季，花叶同放，花朵呈别致的金绿色；秋天，树叶骤然变红，红得鲜艳蓬勃，多长于山麓河谷，是美化环境、点染秋色的理想树种。

九寨沟的椴树属落叶乔木，喜光，生长速度快，秋天叶片变成了浅黄色，像太阳洒下的金色光点。椴树木质优良，纹理细致，是建筑和制作家具的优质材质，并可作为庭园树和蜜源树。

九寨沟的白皮云杉属常绿乔木，高达25米，胸径0.5米。数量少，零星生长在海拔2600米至3700米的地带。白皮云杉属于国家重点保护植物，为我国四川省特有树种。木材较轻，结构细致、质坚韧，是优良的建筑和纤维工业用材。

■九寨沟的红豆杉

梦幻的自然

  这里的麦吊杉属常绿乔木，树冠尖塔形，大枝平展，侧枝细而下垂。生长在海拔2000米至2800米的地带，是亚高山针叶林的主要群种之一，也是良好的工业用材。

  麦吊杉也属国家重点保护植物，为我国特有树种。木材坚韧、纹理细密，是飞机、车辆、乐器、建筑和家具等工业的优良用材。在九寨沟分布区内，可作为森林更新和荒山造林的主要树种。

  九寨沟的红豆杉属植物常绿乔木，最高可达20米，胸径0.1米至0.5米，最大可达0.8米。生长在海拔1600米至2400米地带的常绿阔叶林、常绿与落叶阔叶混交林和针阔混交林下，多为小乔木或灌木状。

  红豆杉为我国特有树种。木材纹理直，结构细密，坚实耐腐，为水利工程的优良用材。红豆杉种子含油百分之六十以上，可供制皂及炼制润滑油，并有驱蛔和消食的作用。红豆杉树形美观，还可作为庭园的观赏树种。

  残遗类群的连香树属落叶大乔木，高达40米，胸径可达3米以上。生长在海拔1800米至2800米地带的山地阴坡及沟谷之中。

连香树属国家重点保护植物。连香树科仅有一属一种，是分类系统上孤立、形态上特殊的种类，代表了古老的残遗类群，在研究植物区系的演变上有一定的科考价值。连香树是工业产品中重要的香味增强剂，秋季叶片变成金黄色，具有观赏价值。连香树生长快，易繁殖，可作为山地绿化树种。

九寨沟山杏属蔷薇科，落叶乔木，阔叶卵形。春天开粉色花朵，初夏结核果，秋天叶片变成紫色。此树耐寒、喜光、抗旱，而且树龄很长，是林海中的寿星之一。

九寨沟的黄栌属漆树科，落叶灌木，叶呈卵形，初夏开花，入秋后叶片变成橙色，可作为黄色染料。木材可用来制作各类器具。

九寨沟的湖泊星罗棋布于林间沟谷，澄碧透明，水上水下自有草木装点，即便是枯木沉没水底，仍有水绵、水藻等附生，其间浮于水面的巨树，死而复生，天长日久，又变成了长满新生花草的小岛。水生植物给九寨沟的湖泊、瀑布和溪流增添了奇姿异彩。

九寨沟的水生植物可分为四大类，即水生乔木、灌木、挺水植物

九寨沟的水生植物

和沉水植物。

在树正瀑布上，分布着以南坪青杨和高山柳为主的水生乔、灌木。在诺日朗群海、珍珠滩和盆景滩同样丛生着耐湿喜水的杨、柳，这就形成了九寨沟独特的林水相亲、树生于水中、水流于林间的奇妙景观。

挺水植物主要分布于芦苇海、箭竹海、天鹅海和芳草海的浅水湖区，以芦苇、水灯芯、水葱、节节草和莎草组成的挺水植被为主，构成了芳草萋萋、碧水清清的优美景观，并为野鸭、鸳鸯、天鹅和鹭鸟等水禽提供了适宜的生活环境。

沉水植物主要分布在五花海和五彩池。这些沉水植物以轮藻、水韭和水锦为代表，其中包括粗叶泥炭藓、牛角藓等，起初是绿色，成熟后呈橘红色。轮藻常生于水流缓慢的钙质水域。

水锦的藻体则由筒状细胞连接成不分枝的丝状群体，含有一条或多条螺旋形鲜绿色的色素体。透过清澈的湖水看这些沉水植物，十分悦目，就像在观赏一大片艳丽柔美的丝绒织锦。

如果说九寨沟是一颗神奇的宝石花，那么，地衣就是镶嵌在这颗宝石花上的翡翠。九寨沟的地衣按其形态可分为壳状地衣、叶状地衣、枝状地衣和胶质地衣四大类。

九寨沟原始森林分布着厚厚的枝状地衣。涉足林中，仿佛站立在绿茵茵、蓬松松、一尘不染的绒毛地毯上，可以躺下去美美地睡上一觉。

松蔓地衣属地衣门、松蔓科，飞舞的松蔓如柔软的丝绸般常悬挂在高山针叶林的枝干间，长的可达一米以上。有的灰绿色、有的灰白色，这种宛如热带苔藓林的景观，给人以原始和神秘莫测之感。

松蔓还是用途广泛的药材，可从中提取松蔓酸等抗生素，又可用作祛痰剂和治疗溃疡炎肿、头疮、寒热等疾病。

喇叭粉石蕊丛生于林中小灌木上，一眼望去，绿茸茸的，有如绿涛翻腾，殊为美观。

这些形态原始的子遗植物，都是早在一亿年

子遗植物 是指绝大部分植物物种由于地质地理气候变迁等原因灭绝之后幸存下来的古老植物，被人们称为活化石。除鹅掌楸产于越南，银杏、水松、珙桐都是我国特有的子遗植物，也是国家重点保护的濒危物种。

■九寨沟原始森林

■ 九寨沟风光

梦幻的自然

藓类 苔藓植物中形态结构最进化的一群，由叶和茎构成茎叶体，藓类茎有输导束、叶有中脉的分化，原丝体发达，通常为丝状分枝，在泥炭藓则为盘状。

毛茛科 被子植物门，双子叶植物纲为原始科，多年生至一年生草本，少数为藤本或灌木，单叶或复叶，通常互生，没有托叶。花通常为两性，辐射对称，叶两侧对称。

前的白垩纪就已出现了的古老树种。对于研究植物系统的演化以及植物区系的演变均有一定的科考价值。

领春木属落叶灌木或小乔木，生长在海拔1800米至2400米地带的溪边林下或灌木丛中。领春木也属国家重点保护植物。

领春木科仅一属二种，代表了古老的残遗类群，在研究昆栏树目的系统演化和植物区系的演变上有一定的科考价值。领春木早春时节花先于叶开放，十分悦目，可驯化、培植为观赏树种。

独叶草属多年生小草本，生长在海拔2500米至3500米地带的冷杉林或杜鹃灌木丛下，常与藓类混生。独叶草属国家重点保护植物。本属仅一种，为我国特有种类，代表了古老的残遗类群。

独叶草全草可供药用，营养叶具开放的二叉分歧脉序，和裸子植物银杏以及某些蕨类植物的脉序很相似，地下茎节部具一个叶迹，这些特点有别于毛茛科的其他属，专家将此属独立为一新科。

通过对独叶草这种原始被子植物的系统研究，可以为研究被子植物的进化提供新的资料。

串果藤属落叶木质藤木，长可达10米，生长在海拔1600米至2400米地带的常绿阔叶林和常绿与落叶混交林中，喜欢缠绕在高大的乔木上。

串果藤为我国特有的一种藤本植物。本属仅一种，代表了古老的残遗类群，对研究植物区系的演变和木通科植物的系统演化具有一定的科考价值。

九寨沟的海拔高差大，地形地貌复杂，植被类型丰富，保留有大面积的原始生态环境，为不同类型的动物提供了适宜的栖息环境。湖面，野鸭水鸟起落；林中，飞禽走兽云集。九寨沟堪称"动物王国"。

在九寨沟的原始森林中，还栖息着珍贵的大熊猫、白唇鹿、鬣羚、羚牛、金猫和白牦牛等动物。湖泊中野鸭成群，天鹅、鸳鸯也常来嬉戏。

据有关部门粗略统计，生活在这里的野生动物，已知的就有300多种。其中，被列为国家重点保护的珍稀动物有27种，如大熊猫、牛羚、白唇鹿、黑颈鹤、天鹅、鸳鸯、红腹角雉、雪豹、林麝和水獭等。

红腹角雉 红腹角雉喜欢居住在有长流水的沟谷、山涧及较潮湿的悬崖下的原始森林中。主要以乔木、灌木、竹以及草本植物和蕨类植物的嫩叶、幼芽、嫩枝、花絮、果实和种子为食。主要分布于东南亚地区，包括我国南部及印度等地。该物种属于国家二级保护动物。

■九寨沟红腹角雉

■四川九寨沟蓝马鸡

梦幻的自然

大熊猫是地球上幸存的最古老的动物之一，因此有动物活化石之称。目前，世界上的大熊猫仅存于我国少数地区，堪称稀世珍宝。

九寨沟地域的野生大熊猫一般都在则查洼沟和日则沟一带活动，冬天也会下到海拔较低的树正沟和扎如沟等地避寒。人们有时也能在箭竹海、熊猫海等箭竹茂密的地方发现它们的行踪。

九寨沟的金丝猴属灵长目，生性机敏，以野果为主食，常栖息在云杉冷杉林带。川金丝猴的体型中等，颜面为蓝色，颈侧棕红，披一身金色长毛，背毛长达30厘米以上，鼻孔朝上，因此有仰鼻猴的称号，是动物世界中的珍品。九寨沟的川金丝猴是我国特有的品种。

九寨沟的牛羚总的形态像牛，体形粗壮，体长约两米，成年雄性可达到两米以上。九寨沟牛羚头大颈粗，四肢短粗，前肢比后腿更壮，蹄子也很大。身体的某些部位又酷似羊类。

九寨沟的天鹅是春季北飞、冬季南迁的候鸟，飞行能力极强。它们喜欢在湖泊和沼泽地带栖息，主食水生植物，兼食贝类、鱼虾。九寨沟常见的天鹅有大天鹅和小天鹅两种。

九寨沟绿尾虹雉栖息于海拔3000米至4000米的高山草甸灌丛或裸岩之中，是世界著名的珍贵雉鸡之一，因喜食贝母球茎所以又叫贝母鸡，很早以前又由于它有时潜入药农、猎人住地偷食木炭，所以也称火炭鸡。

九寨沟的红腹角雉是我国的特有品种，雄鸟头顶有发状冠羽，后披到颈。颈部由长而宽的彩羽构成翎领。翎领羽色从上到下，由金黄过渡至锈红，并杂以翠绿，发情时，翎领竖立如扇。红腹角雉在九寨沟随处可见。

九寨沟的鸳鸯也是我国特有物种。它体态玲珑，羽毛绚丽，一对棕色眼睛外围呈黄白双色环，嘴呈棕红色。

九寨沟的胡兀鹫是国家重点保护动物，喜栖息于开阔地区，如草原、高地和石楠荒地等处，被称为草原上的清道夫。

九寨沟的蓝马鸡为我国特有物种，在世界上与大熊猫、金丝猴一样珍稀，备受人们青睐。

九寨沟的强碱性水质极不适宜普通鱼类生存，在九寨沟大大小小140多个湖泊中，仅发现了一种特有的珍稀鱼类，即松潘裸鲤，属特化型高原山区冷水型鱼类。松潘裸鲤独居翠海，被九寨沟人视为水中精灵，从不捕捉食用。

童话世界

四川九寨沟

阅读链接

在古时候，九寨沟牛羊众多，草原就显得不够用了。居住在这里的华秀和哥哥商量，想要去寻找新的草场。当部落和牛羊快要走出一个石峡的时候，那些黑色的牦牛，发出非常痛苦悲切的嚎叫声，不愿前行。

就在这时，从牛群身后那巍峨的雪山深处出现了一头白牦牛，白牦牛大吼着，向石峡口奔去。说来也怪，看见了白牦牛，其他牛也停止了哀叫，随着白牦牛一齐向峡口奔去。

当牛群走出峡口时，黑牦牛全都倒下了，只有那头白牦牛在和一个黑色的怪物角斗。突然，白牦牛用它的勇猛和锋利的犄角战胜了黑色怪物。从那以后，九寨沟的牦牛更白了，一群又一群，好像是天上飘荡的白色云朵。

赏心悦目的奇特景观

在九寨沟，雪峰、叠瀑、彩林、翠海和藏情被誉为九寨沟五绝。九寨沟的雪峰堪称一大奇观。高海拔形成了九寨沟的雪峰。九寨沟的雪峰在蓝天的映衬下放射出耀眼的光辉，像一个个英勇的武士，整个冬季守候在九寨沟的身旁。站在远处凝望，巍巍雪峰，尖峭峻拔，白雪皑皑，银峰玉柱直指蓝天，景色壮美。

九寨沟自然风景

藏族同胞的隆达经幡和水转经也为冬日的九寨沟增添了神秘而浪漫的色彩。人们在享受九寨沟冬趣的同时，不妨到藏家去做客，喝一口香喷喷的热奶茶，咂一口醇香清爽的青稞酒，再欣赏一下藏、羌等民族歌舞，消尽寒意，消尽忧愁。

九寨沟的叠瀑堪称一大奇观。俗话说，"金打的九寨山，银炼的九寨水"。水是九寨沟景观的主角。3条沟谷，由高而低，层层梯式平台地形，给流水提供了别具一格的表演舞台。

九寨沟的水是充满灵性的，它从雪山之巅轻灵而下，注入阶梯形的高山湖泊中，再漫溢出来，以千军万马的气概奔泻而来，跌落深谷，将一匹匹华美的银缎编织成了千万颗珠玉，再汇聚成溪水，涓涓流去。

它穿过绿树红花、苇蔓泽石，柔情中再次积蓄起跌宕的力量，如此往复，构成了珠连玉串的河中湖群、断断续续的激流飞湍和层层叠叠的群瀑奇观。

九寨沟是水的世界，瀑布的王国。这里几乎所有的瀑布全都从密林里狂奔出来，就像一台台绿色的织布机永不停息地织造着各种规格的白色丝绸。这里有宽度居全国之冠的诺日朗瀑布，它在高高的翠岩上急泻倾挂，仿佛巨帘凌空飞落，雄浑壮丽。

有的瀑布从山岩上腾越呼啸，几经跌宕，形成叠瀑，似一群银龙竞跃，声若滚雪，激溅起无数小水

■ 九寨沟风光

隆达经幡 即藏族的风马旗，是青藏高原上一道独特的风景，在藏族聚居区人们随处都能见到。这些小旗在大地与苍穹之间飘荡摇曳，从而构成了一种连地接天的景象。彩旗上印满密密麻麻的藏文咒语、经文、佛像、吉祥物图形。风马旗不但有着许许多多的宗教含意，还是一幅很有水平的艺术品。

九寨沟瀑布

珠，化作迷茫的水雾。朝阳照射时，常常出现奇丽的彩虹，使人赏心悦目，流连忘返。

珍珠滩位于九寨沟景区的花石海下游，日则沟和南日沟的交界处，有一片坡度平缓，长满了各种灌木丛的浅滩。

长约100米水流在此经过多级跌落河谷，激流在倾斜而凹凸不平的乳黄色钙华滩面上溅起无数水珠，阳光下，点点水珠就像巨型扇贝里的粒粒珍珠，远看河中流动着一河洁白的珍珠，这就是珍珠滩。

珍珠滩是一片巨大扇形钙华流，清澈的水流在浅黄色的钙华滩上湍泄。珍珠滩布满了坑洞，沿坡而下的激流在坑洞中撞击，溅起无数朵水花，在阳光照射下，点点水珠似珍珠洒落。

横跨珍珠滩有一道栈桥，栈桥的南侧水滩上布满了灌木丛，激流从桥下通过后，在北侧的浅滩上激起了一串串、一片片滚动跳跃的珍珠。迅猛的激流在斜滩上前行200米，就到了斜滩的悬崖尽头，冲出悬崖跌落在深谷之中，形成了雄伟壮观的珍珠滩瀑布。

这道激流水色碧绿泛白，是九寨沟所有激流中水色最美、水势最猛、水声最大的一段。激流左侧栈道，是观赏这一股碧玉狂流的最佳地点。踏着栈道，在激流的陪伴下继续东行，就到了珍珠滩东侧。这儿的斜滩坡度更大，滩面更为凹凸不平，激流跳跃，景象更为壮观。

诺日朗瀑布落差20米，宽达300米，是九寨沟众多瀑布中最宽阔的一个。瀑布顶部平整如台，滔滔水流自诺日朗群海而来，经瀑布的顶部流下，腾起蒙蒙水雾。在早晨阳光的照耀下，常可见到一道道彩虹横挂山谷，使得这一片飞瀑更加风姿迷人。

冬天的九寨沟，虽没有春天的妩媚，夏天的清爽，秋天的妖娆，却另有一番情趣。撩人心魄的飞雪，飘飘洒洒、纷纷扬扬，像春天的柳絮一样不停地飞舞着，放肆地亲吻着山峦，亲吻着湖水，亲吻着人们的脸庞。

在冬季，由于日照及走向的不同，九寨沟的海子只有长海和熊猫海有冰冻现象。蓝色的湖水上呈现各种形状、厚薄不一的洁白的冰块和冰花，有的像丝锦，有的像哈达，有的像流云，有的像青纱，真是妙趣天成。

栈道 原指沿悬崖峭壁修建的一种道路，是我国古代交通史上一大发明。人们为了在深山峡谷中通行，便在河水隔绝的悬崖绝壁上用器物开凿一些棱形的孔穴，在这些孔穴内插上石桩或者木桩。上面横铺木板或石板，可以行人和通车，这就叫作栈道。

■ 珍珠滩瀑布

梦幻的自然

■ 九寨沟的珍珠滩瀑布

油画 是以用快干性的植物油调和颜料，在画布、纸板或木板上进行制作的一个画种。油画是西洋画的主要画种之一。"油画"一词始见于《后汉书》。明代，意大利天主教士利玛窦等人来华传教，把欧洲油画作品带进我国。康熙年间，传教士郎世宁、艾启蒙等以绘画供奉内廷，从而把西方的油画技法带入了皇宫。

　　冬季的九寨沟，银瀑不再飞泻。诺日朗瀑布收起了气势磅礴的阳刚之气，变成了一幅巨大的天然冰雕，有的像飞禽，有的像走兽。有的像牛群，有的像仙女在梳妆，奇异多姿，令人目不暇接。

　　这时候，珍珠滩和树正的冰瀑在阳光的照射下，冰凌闪亮，流水如丝；熊猫海的冰瀑也变成了巨大的冰锥、晶莹的冰帘和千姿百态的冰幔、冰挂，好似一派璀璨耀眼的冰晶世界。

　　九寨沟的彩林堪称一大奇观。九寨沟原始森林加上独特的地理条件，便形成了九寨沟的彩林。彩林覆盖了保护区一半以上的面积，2000多种植物在这里争奇斗艳。

　　金秋时节，林涛树海换上了富丽的盛装。深橙的黄栌，金黄的桦叶，绛红的枫树，殷红的野果，深浅相间，错落有致，令人眼花缭乱。每片彩林，都犹如天然的巨幅油画。水上水下，光怪陆离、动静交错，使人目眩。

林中奇花异草，色彩绚丽。沐浴在朦胧的雾霭中的孑遗植物，浓绿阴森，神秘莫测；林地上积满了厚厚的苔藓，散落着鸟兽的翎毛。这一切，都是充满着原始气息的森林风貌，使人产生出一种浩渺幽远的世外桃源之感。

入冬以后，积雪使九寨沟变成了银白色的世界，莽莽林海，似玉树琼花，冰瀑、冰幔，晶莹洁白。银装素裹的九寨沟，显得洁白、高雅，仿佛置身于白色玉盘中的蓝宝石，显得更加璀璨。

九寨沟的翠海堪称一大奇观。九寨沟的地下水富含大量的碳酸钙质，湖底、湖堤、湖畔水边都可见乳白色碳酸钙形成的结晶体。来自雪山、森林的活水泉又异常洁净，加之梯形状的湖泊层层过滤，其水色越加透明，能见度可达20米，这就形成了九寨沟的翠海、叠瀑。

九寨沟的海子终年碧蓝澄澈，明丽见底。而且，随着光照的变化和季节的推移，湖水呈现不同的色调与韵律。秀美的，玲珑剔透；雄

■诺日朗瀑布

■ 九寨沟瀑布

梦幻的自然

天神 指天上诸神，包括主宰宇宙之神及主司日月、星辰、风雨、生命等神。在佛教中，是指护法神，天神，天众。佛教认为，天神的地位并非至高无上，但可比人享有更高的福祉；天神也会死，临死前会出现衣服垢腻，头上花萎，身体脏臭，腋下出汗，不乐本座五种症状。

浑的，碧波万倾。每当风平浪静时分，蓝天、白云、远山、近树，倒映湖中，"鱼游云端，鸟翔海底"，水上水下，虚实难辨，梦里梦外，如幻似真。

大凡景色奇异秀丽的地方，都有些美丽动听的传说。关于九寨沟的奇丽湖瀑，也有一个动人的传说。

在很久以前，千里岷山白雪皑皑，藏寨中有个美丽纯朴的姑娘名叫沃诺色嫫，靠着天神赐给的一对金铃，引来神水浇灌这块奇异的土地。于是，这块土地上长出了葱郁的树林，各种花草丰美，珍禽异兽无数，使得这块曾经荒漠的土地，顿时变得充满生机。

一天清晨，姑娘唱着山歌，来到清澈的山泉边梳妆，遇上了一个正在泉边给马饮水的藏族青年男子。那藏族男青年名叫戈达，早就对沃诺色嫫姑娘怀有爱恋之心，姑娘也暗暗地十分喜爱这个勇敢的小伙子。

这时在清泉边不期而遇，两人心里都充满喜悦，正当姑娘和小伙在互相倾吐爱慕之情时，哪知一个恶魔突然从天而降，硬将姑娘和小伙子分开，抢走了姑娘手中的金铃，还逼姑娘嫁给他做妻子。

沃诺色嫫姑娘哪里肯从，戈达奋力与恶魔搏斗，姑娘乘机逃进了一个山洞。那戈达毕竟不是恶魔的对手，只有跳出圈外，跑去唤来村寨中的相邻亲友，与恶魔展开了殊死搏斗，经过了九天九夜的鏖战，终于战胜了恶魔，救出了沃诺色嫫姑娘，金铃也回到了姑娘的手中。

姑娘和小伙子一路上边摇动着金铃，边唱着情歌回家。霎时间，空中彩云飘舞，地下泉水翻涌，形成了108个海子，作为姑娘梳妆的宝镜。

在戈达和沃诺色嫫结婚的宴席上，众山神还送来了各种绿树、鲜花、异兽，于是，这里从此就变成了一个美丽迷人的人间天堂。

传说就在那深不见底的长海中潜伏着一条长龙，那长龙平时就爱在湖底酣睡，如果有任何人惊醒、触怒了它，它就会掀起大浪，喷出黑云，降一场冰雹。

长龙还要人们在每年秋收之前，祭奠一个活人给它，否则就要降临灾难，危害人畜庄稼。于是大家只好用抽签的办法，轮流将童男童女丢进长海去祭奠

藏寨 也叫丹巴，被誉为"深藏在横断山脉中的世外桃源"，是嘉绒藏族风情文化的中心。丹巴的文化积淀深厚，中路古遗址表明数千年前嘉绒藏族先民便在此繁衍生息，并创造了举世罕见的石室建筑文化，自古便有"千碉之国"的美誉。

■ 海子 海子是当地人的方言，其实也就是普通话中的"湖泊"。例如九寨沟的熊猫海、火花海，因为是海子，所以以"海"字结尾。其实就相当于熊猫湖、火花湖等。

梦幻的自然

■九寨沟长海

祭奠 就是到新坟添土、奠纸。如山西大部分地方是在死者安葬后第三天，称为"复三"，又叫"圆坟""暖墓"。一般是死者的长子带领全家去，有的地方是凡有"服"之亲都去，如忻州河曲，亲友带上火锅、柏柴去坟地汇聚，祭奠后食毕而归。

长龙。

这一年，不幸轮到一户人家，这户人家里只有一个瞎眼的妈妈和一个儿子，人们同情这孤儿寡母，却又无法搭救他们。

祭奠的日子一天天临近，妈妈的眼泪也哭干了。部落的人们想方设法地安慰老妈妈，陪着她一起痛哭，石头人听了也会为之伤心。

有一个名字叫作扎依的老猎人实在忍受不了妈妈如此伤心，他便决心要舍命屠杀黑龙，为民除掉这一祸害。

勇敢的猎人带着长刀、长弓来到长海的边上，瞄准了黑云腾起的一瞬，一箭射去，但箭却像射在生铁上一样火花四溅，黑龙安然无恙，猎人又拔出长刀向黑龙砍去，刀很快又折断了。

于是那黑龙扑过来抓掉了猎人的左臂，接着又张开血盆大口，想把扎依一口吃掉。就在这时，刮起一阵狂风，将扎依卷走了。

　　长龙非常愤怒，冲天而起，喷出黑云，下起冰雹，把所有的庄稼打得颗粒无收，人和畜也伤残不少。为了挽救部落，扎依猎人的小孙女斯佳告别了泣不成声的乡亲，自动踏上了与长龙决斗的死亡之路，一步步向长海走去。

　　扎依老人醒来的时候，发现自己躺在女神山下，左臂的伤口已经愈合，身边还放着一把闪闪发光的长剑。他知道这是九寨沟的守护女神救了他的性命，并送给他斩龙的宝剑。扎依向女神山虔诚地一拜，然后提起长剑就奔向长海。

　　刚到长海的入口，猎人就看见黑龙把自己的孙女斯佳卷入长海之中，一口吞掉，扎依猎人怒发冲冠，不顾一切向黑龙扑去，在海上与黑龙展开了殊死搏斗。他靠独臂和宝剑与长龙一直搏斗了七天七夜，经过数百个回合，终于斩下了黑龙的利爪。

　　虽然扎依也遍体鳞伤，但他怕长龙再出来危害乡亲们，就一直拿着宝剑站在海口。后来，扎依化作一棵参天的松柏，永远镇守海口。

■九寨沟五花海

屏风 古时建筑物内部挡风用的一种家具，所谓"屏其风也"。屏风作为传统家具的重要组成部分，由来已久。屏风一般陈设于室内的显著位置，起到分隔、美化、挡风、协调等作用。它与古典家具相互辉映，相得益彰，浑然一体，成为家居装饰不可分割的整体，而呈现一种和谐之美、宁静之美。

自那以后，黑龙就一直深藏在海底，再也不敢出来兴风作浪了。每年深秋至初春的时候，人们还能听到黑龙从海底发出的无可奈何的悲吟。

九寨沟的箭竹海面积17万平方米，湖畔箭竹葱茏，杉木挺立；水中山峦对峙，竹影摇曳。一汪湖水波光粼粼，充满生气。

箭竹是大熊猫喜食的食物，箭竹海湖岸四周广有生长，是箭竹海最大的特点，因而得名。箭竹海湖面开阔而绵长，水色碧蓝。倒影历历，直叫人分不清究竟是山入水中还是水浸山上。

箭竹海中，有许多被钙化的枯木，形成奇特的珊瑚树，而在腐木上又可见一些新生的树，这被称为腐木更新，或叫枯木逢春和再生树。无风的时候，可欣赏到箭竹海的倒影。

九寨沟的镜海一平如镜，故得其名。它就像是一

■九寨沟箭竹海

面镜子，将地上和空中的景物毫不失真地复制到了水里，其倒影独霸九寨沟。

镜海平均水深11米，最深处24.3米，面积19万平方米，素以水面平静著称。每当晨曦初露或朝霞遍染之时，蓝天、白云、远山、近树，尽纳海底，海中景观，线条分明，色泽艳丽。

九寨沟镜海紧邻在空谷的下游，湖呈狭长形，长约1000米，为林木所包围。对岸山壁像一座巨大的石屏风。右侧是镜海的下游，毗邻诺日朗群海；左侧是镜海上游，与镜海山谷衔接。

恬静的镜湖、俊美的翠湖、秀丽的芳草湖、迷人的卧龙海、神奇的五彩池、奇异的五花海、雄伟的珍珠滩和壮阔的诺日朗瀑布等。九寨沟的水如银链、似彩虹，将山林沟谷描摹得风姿绰约，妖娆迷人。

九寨沟的彩池是阳光、水藻和湖底沉积物的合作成果。一湖之中由鹅黄、黛绿、赤褐、绛红、翠碧等色彩组成不规则的几何图形，相互浸染，斑驳陆离，如同抖开的一匹五色锦缎。

随着视角的移动，彩池的色彩也跟着变化，一步一态，变幻无穷。有的湖泊，随风泛波之时，微波细浪，阳光照射下，璀璨成花，远视俨如燃烧的海洋；有的湖泊，湖底静伏着钙化礁堤，朦胧中仿佛蛟龙流动。

整个沟内的彩池，交替错落，令人目不暇接。百余个湖泊，个个古树环绕，奇花簇拥，宛若镶上了美丽的花边。湖泊都是由激流的瀑布连接，犹如用银链和白涓串联起来的一块块翡翠，变幻无穷。

火花海深9米，面积3.6万平方米，水色湛蓝，波光粼粼。每当晨雾初散，阳光照耀，水面似有朵朵火花燃烧，星星点点，跳跃闪动。那掩映在丛丛翠绿中的海子，像一个晶莹无比的翡翠盘，满盛着瑰丽辉煌的金银珠宝。

五花海同一水域常常呈现鹅黄、墨绿、深蓝和藏青等色，斑驳迷离，色彩缤纷。从老虎嘴俯瞰它的全貌，俨然是一只羽毛丰满的开屏孔雀。阳光照耀下，海子更为迷离恍惚，绚丽多姿，一片光怪陆离，使人进入了童话境地。

透过清澈的水面，可见湖底有泉水上涌，令人眼花缭乱。山风徐来，各种色彩相互渗透、镶嵌、错杂和浸染，五花海便充满了生命，活跃、跳动起来。

夏季，海边野花盛开，团团簇簇，姹紫嫣红，花上露珠，晶莹剔透，闪闪发光，与海中火花相映成趣，韵味无穷。

站在五花海的顶部俯视其底部，那景观妙不可言，湖水一边是翠绿色的，一边是湖绿色的，湖底的枯树，由于钙化，变成一丛丛灿烂的珊瑚，在阳光的照射下，五光十色，非常迷人。五花海有着"九寨精华"及"九寨一绝"的美名。

犀牛海是一个长约2000米的海，水深18米，是树正沟最大的海子。南端有一座栈桥通过对岸。每天清晨，云雾缥缈时，云雾倒影，亦幻亦真，让人分不清哪里是天，哪里是海。

犀牛海水域开阔，北岸的尽头是生意盎然的芦苇丛，南岸的出口既有树林，又有银瀑，中间一大片是蓝得醉人的湖面。犀牛海的这一片山光水色，让游客流连忘返。

■ 九寨沟五彩池

九寨沟犀牛海

梦幻的自然

　　传说古时候，有一位身患重病、奄奄一息的藏族老喇嘛，骑着犀牛来到这里。当他饮用了这里的湖水后，病症竟然奇迹般地康复了。于是老喇嘛日夜饮这里的湖水，舍不得离开，最后竟骑着犀牛进入海中，永久定居于此，后来，这个海子便被称为犀牛海。

　　小巧玲珑的卧龙海是蓝色湖泊的典型代表，极其浓重的蓝色沁人心脾。湖面水波不兴，宁静祥和，犹如一块光滑平整、晶莹剔透的蓝宝石。卧龙海底有一条乳黄色的碳酸钙沉淀物，外形像一条沉卧水中的巨龙。相传，在古代，九寨沟附近黑水河中的黑龙，每年都要九寨沟百姓供奉99天，才肯降水。白龙江的白龙很同情九寨沟的百姓，想给他们送去白龙江水，不料，却遭到黑龙的阻挡。

　　于是，二龙争斗起来，最后，白龙体力不支，沉入湖中。正在危急时刻，万山之神赶来降服黑龙。然而白龙再也无力返回白龙江，日久便化为长卧湖底的一条黄龙。人们为了纪念它，就把这个海子叫作卧龙海。

　　树正群海是九寨沟秀丽风景的大门。树正群海沟全长13.8千米，共有各种湖泊40个，约占九寨沟全部湖泊的40%。40个湖泊，犹如40面晶莹的宝镜，顺沟叠延五六千米。水光潋滟，碧波荡漾，鸟雀鸣唱，芦苇摇曳。

最令人叫绝的是树正群海下端的水晶宫，千亩水面，深度可达四五十米，远眺阔水茫茫，近看积水空明。距水面约10米的湖心深处，也有一条乳黄色的碳酸钙堤埂，仿佛一条长龙横亘湖底。

山风掠过湖面，波光粼粼，卧龙仿佛在卷曲蠕动。风逐水波，卧龙又像是在摇头摆尾，呼之欲出。

芦苇海是一个半沼泽湖泊。海中芦苇丛生，水鸟飞翔，清溪碧流，漾绿摇翠，蜿蜒空行，好一派泽国风光。芦苇海中，荡荡芦苇，一片青葱，微风徐来，绿浪起伏，飒飒之声，使人心旷神怡。

湖中有一条彩河，传说女神活诺色嫫在这里沐浴时，恰巧男神达戈经过，女神惊慌中将腰带遗失在这里，便化作彩河。据说，在对面的山上，还可以看见女神娇羞的脸庞。

春日来临，九寨沟冰雪消融、春水泛涨，山花烂漫，春意盎然，

■ 冬日九寨沟

远山还未融化的白雪映衬着童话世界，温柔而慵懒的春阳吻接湖面，吻接春芽，吻接你感动自然的心境。

夏日，九寨沟掩映在苍翠欲滴的浓荫之中，五色的海，流水梳理着翠绿的树枝与水草，银帘般的瀑布抒发四季中最为恣意的激情，温柔的风吹拂经幡，吹拂树梢，吹拂你流水一样自由的心绪。

秋天是九寨沟最为灿烂的季节，五彩斑斓的红叶，彩林倒映在明丽的湖水中。缤纷地落在湖光流韵间漂浮。悠远的晴空湛蓝而碧净，自然自造化中最美丽的景致充盈眼底。

冬日，九寨沟变得尤为宁静，充满诗情画意。山峦与树林银装素裹，瀑布与湖泊冰清玉洁、蓝色湖面的冰层在日出日落的温差中，变幻着奇妙的冰纹，冰凝的瀑布间、细细的水流发出沁人心脾的音乐。

九寨四时，景色各异，春之花草，夏之流瀑，秋之红叶，冬之白雪，无不令人为之叫绝。这一切，又深居于远离尘世的高原深处，在那片宁静得能够听见人的心跳的净土融入春夏秋冬的绝美景色之中，其感受任何人间语言都难以形容。

梦幻的自然

阅读链接

九寨沟的水是独一无二的，因为她的每个海子都透出不同的颜色，其原因是碳酸钙结晶让不同矿物质沉积。

海子的四周是茂密的树林，湖水掩映在重重的翠绿之中，像是一块晶莹剔透的翡翠。当晨雾初散，晨曦初照时，湖面会因为阳光的折射作用，闪烁出朵朵火花。小巧玲珑的卧龙海是蓝色湖泊的典型代表，极浓重的蓝色醉人心田。湖面水波不兴，宁静详和，像一块光滑平整、晶莹剔透的蓝宝石，美得让人心醉。

水是九寨沟的灵魂，因其清纯洁净、晶莹剔透、色彩丰富而让人陶醉。一切美好的事物都是水做的，水是天堂的血脉。

四川黄龙

黄龙位于四川省北部阿坝藏族羌族自治州松潘县境内的岷山山脉南段，属青藏高原东部边缘向四川盆地的过渡地带。黄龙保护区面积700平方千米，由黄龙本部和牟尼沟两部分组成。

黄龙保护区以彩池、雪山、峡谷、森林"四绝"著称于世，是一个景观奇特、资源丰富、生态原始、保存完好的风景名胜区，并且具有重要科学和美学价值，被誉为"人间瑶池"。

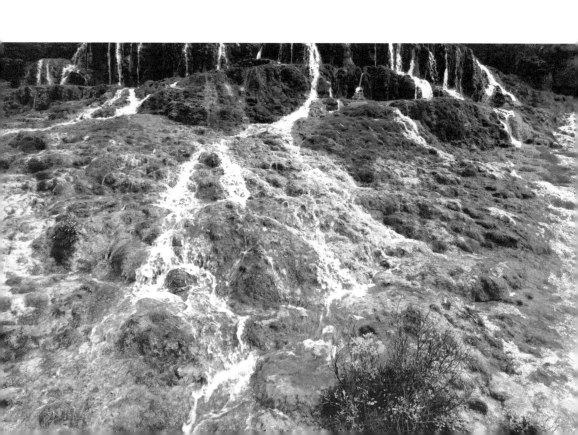

地表钙华为主的人间瑶池

黄龙自然保护区位于四川省阿坝藏族羌族自治州松潘县境内，总面积4万多公顷，因黄龙沟内有一条蜿蜒的形似黄龙的钙华体隆起而得名。

黄龙自然保护区以彩池、雪山、峡谷、森林"四绝"著称于世，是我国少有的保护完好的高原湿地。

■ 黄龙美景

黄龙自然保护区处在岷山主峰雪宝顶山下，由黄龙本部和牟尼沟两部分组成。黄龙本部主要由黄龙沟、雪宝顶、丹云峡、红星岩等构成；牟尼沟主要有扎嘎瀑布和二道海两个景区。

黄龙沟具有世界罕见的钙华景观，规模宏大、类型繁

■ 黄龙风光

多、结构奇巧、色彩丰艳，在我国风景名胜区中独树一帜。以其奇、绝、秀、幽的自然风光蜚声中外，被誉为"人间瑶池"和"人间天堂"。

黄龙本部除黄龙沟、雪宝顶、丹云峡等构成外，还有雪山梁、雪峰朝圣、观音洒水瀑、黄龙冰川等奇特景观。

黄龙沟下临涪江源流涪源桥，是一条长7.5千米、宽1.5千米的缓坡沟谷。沟谷内布满了乳黄色岩石，远望好似蜿蜒于密林幽谷中的黄龙，故黄龙沟的名称来源于此。

黄龙沟连绵分布钙华段长达3.6千米，钙华滩最长1.3千米，最宽170米，彩池多达3400个。钙华石坝、钙华彩池、钙华滩、钙华扇、钙华湖、钙华塌陷湖、钙华塌陷坑以及钙华瀑布、钙华洞穴、钙华泉、钙华台、钙华盆景等景象一应俱全，是一座名副其实的天

涪江 是嘉陵江的支流，长江的二级支流。发源于四川省松潘县与九寨沟县之间的岷山主峰雪宝顶。在重庆市合川区汇入嘉陵江。涪江自古以来就是川西北地区的一条重要河流，在通航和农业灌溉方面发挥着重要作用。

青羊 牛科动物，形似一般的山羊。由于它全身呈青灰色，故称其为青羊。它常受到其他凶猛动物的袭击，不得不选择险峻的高峰岩石间居住，所以又称其为"岩羊"。

獐子 是一种经济价值较高的小型偶蹄类食草动物，以森林和森林灌丛为主要栖息地，主要分布在海拔600米至1000米以上人迹罕至的针阔混交林带。

■黄龙雪山梁

然钙华博物馆。

黄龙沟在当地为各族乡民所尊崇，藏民称之为"东日"和"瑟尔峻"，意思是东方的海螺山和金色的海子。这里沿袭的庙会，一年一度盛况空前，西北各省区各族民众均有参加。奇特的自然景观和民族风情，共同组成了黄龙沟的人间奇迹。

岷山主峰雪宝顶是藏民心中的圣山，藏语叫作夏尔冬日，意思是东方海螺山。在古冰川和现代冰川的剥蚀和高寒的融冻风化下，雪宝顶四壁陡峭，银光闪烁，俯视着整个黄龙自然保护区。

雪宝顶终年积雪，山腰岩石嶙峋，沟壑纵横，高山湖泊星罗棋布，较大的海子有108个，山麓花草遍布，灌木丛生，松柏参天。这里生长着大量的贝母、大黄、雪莲等名贵中药材，也是青羊、山鹿、獐子等野生动物栖息、繁衍的场所。

雪山梁位于雪宝鼎腹地，是涪江的源头，海拔4000米，是进入黄龙沟的必经之路。积雪的山梁上遍

■ 黄龙岷山瀑布

插藏族人民信仰的五色经幡。

蓝、黄、绿、红、白五色分别象征天、地、水、火、云。印有经文或图案的五色经幡，随风飘动，这是虔诚的藏族人们对大自然崇拜的一种形式。

雪山梁是高寒岩溶和冰川堆积而形成的，其主要景观有淘金沟。沟内千仞绝壁层层叠叠，大小溶洞形态奇特；张家沟，沟内冰川湖泊蓝如宝石；关刀石，登临峰顶极目远眺，高山远景一览无余。

观音洒水瀑又名喊泉，位于岷山玉翠峰上。平常很难见到瀑水，游人想观其奇景，必须站在悬崖下放声大吼，顷刻间水珠就从崖上滚落下来，吼声越大，水流量越多。片刻之后，一道瀑布随着吼声便形成了，吼声停止，瀑布随即消失。

据传说，当年，转山者们在此虔诚地念经，感动了观音菩萨，于是观音菩萨便洒圣水为他们消灾弥

经幡 也称风马旗、呢嘛旗、祈祷幡等，是指在藏传佛教地区的祈祷石或寺院顶上、敖包顶上竖立着以各色布条写上六字真言等经咒，捆扎成串，用木棍竖立起的旗子。因布条上画有风马，寓意把祷文藉风马传播各处，故名"风马旗"。风马旗象征保护雪域部落的安宁祥和，抵御魔怪和邪恶的入侵。

难，当地人将这一奇特的景观叫作观音洒水瀑。

黄龙沟冰川俗称冰河，是指由积雪形成并能移动的冰体。从冰蚀到冰碛形态，黄龙冰川构成了一个完整的冰川形成过程。一条条气势磅礴的冰川从主峰直泻而下，与苍莽的原始森林和缤纷的百花草甸交相辉映，绿海银川，气象万千，构成一幅波澜壮阔的画卷。

在黄龙沟内，每当春暖花开的时候，在海拔四五千米的高山上，雪多量重，由于下部积雪融化后支撑力大大减小，加上底部水流的润滑，致使成千上万吨冰雪便沿着陡峭的山坡，以每秒数十米的速度，朝山下崩塌。

发生雪崩时，只见一道道飞驰的雪流，好似一条狂暴的银龙，喷云吐雾，吼叫着越过山谷，冲过山崖，落进深渊。气浪的啸叫和松涛滚动之声绵延交错，数十千米山谷轰然作响，地动山摇，惊心动魄。

丹云峡起于玉笋群峰，止于扇子洞，绵延18.5千米，落差1.3千

米，峰谷高差为1000米至2000米。这里冬天一片雪白，夏天山林翠绿，尤其是春天漫山遍野的红杜鹃和秋天一路枫叶红遍峡谷，这情景仿佛夕阳之下的火烧云从天而降，丹云峡因此而得名。

整个丹云峡，垂直高差约1.4千米，涪江贯穿其中，激流险滩。当地人形容丹云峡的狭窄和深险峻，有"抬头一线天，低头一匹练""滩声吼似百万鸣蝉，搅得人心摇目眩"的说法。

此外，人们在丹云山峡还能看到老熊吹火、乌龟石、万象石、灶孔岩、三步登天和一步登天崖、鲤鱼跃龙门等景观。关于丹云峡的来历，还有一段美丽的传说。

在很早之前，人间并没有烟火，要获得火种就必须到天庭上去取，但要求是必须修炼成仙。

为了能够取到火种，有一对叫张三哥和杨妹的年轻夫妇决定到黄龙寺去静心修炼。那个时候张三哥在山顶上专心修炼，由于妻子怀有

■黄龙景观

■ 黄龙风光

身孕，她就在山腰修炼。夫妇两人心诚，不到8个月的时间，张三哥和杨妹都小有成就。

因为妻子怀有身孕，所以还没有决定什么时候去天庭取火。

有一天，夫妇两人正在丹云峡中散步的时候，忽然看见一只老熊在悬岩上握着吹火筒无火空吹，夫妻俩心急如焚，决定冒险一试，马上就去天庭取火。

就在这时一匹石马和一只石乌龟出现在路边，驮着他们夫妇俩很快就到了万象岩，当时十二属相的动物都在，猴王还做好了灶孔。

到了夜里，夫妇俩决定去天庭，丈夫朝着登天岩猛地冲过去，不幸鞋子在半空中脱落，只好赤脚登上了天空。

妻子因为有身孕，就化成一条鲤鱼，在涪江中一个滚翻着，跃出水面，在跃至崖顶时，属相们清清楚楚地看见那条鲤鱼正在变成仙女的模样。现在"鲤鱼跃龙门"景点那悬在半空的"鲤鱼"，有一半还是仙女的头像呢！

丹云峡峡谷共分5段。花椒沟段至涪源桥以下有福羌岩、牌坊档等几处景观。福羌岩百丈高崖如刀削斧劈，直立峡中，岩上附藤葛萝蔓，岩边倚古木虬枝；牌坊档怪石如林，奇花异卉，香馥氤氲。

石马关至涪源桥以下，绝壁上怪柏丛生，山峰奇诡。因外形得名的有桩桩岩、猫儿蹲、双株峰、观音岩等景观。猫儿蹲下有一条细泉，如猫撒尿，因此叫作猫儿尿。

石马桥距涪源桥约20千米，河心有一块巨石，长约5米，高约两米，形似骏马，原有一桥靠石而架，因此叫作石马桥。前行数十步，峡谷近乎闭合，一人可挡万夫，人称石马关。

灶孔岩至涪源桥以下山腰有一形如灶孔的空洞，其中可容数十人，因此叫作灶孔岩。再往前走300米左右，有一个月亮形的岩石，镶嵌在悬岩峭壁上，因此叫作月亮岩。这其中有3处40余米宽的高山瀑布，称作芋儿瀑布。

凌冰岩龙滴水至涪源桥以下，每当数九寒天之时，两岸悬崖上滴水成冰，垂挂数十米，冰瀑悬岩，因此有凌冰岩之称。若是春秋之时，数千丈高陡岩上，几股清泉飞流直下，又名龙滴水。

钻字牌至涪源桥以下有一块石碑，上面刻着古人游松州的见闻，在不远处还有一只石龟。

龙滴水是丹云峡的一个支沟，这里山势起伏蜿蜒，像巨龙卧在悬崖峭壁上，细流密布，水珠如帘，给人一种"万甲尽藏雨，浑身遍绕云"的感觉。山泉滴滴，沁人心脾，据说饮后能治百病，因此叫作龙滴水。

五彩池是位于黄龙自然保护区最高处的钙华彩池群，共有693个钙池。这里背倚终年积雪的岷山主峰雪宝鼎，面向碧澄的涪江源流。沟

■ 黄龙五彩池景观

谷顶端的玉翠峰麓、高山雪水和涌出地表的泉水交融流淌。

由于受到流速缓急、地势起伏的影响，再加上枯枝乱石的阻隔，水中富含的碳酸钙开始凝聚，逐渐发育成固体的钙华埂，使流水潴留成层叠相连的大片彩池群。

碳酸钙沉积过程中，又与各种有机物和无机物结成不同质的钙华体的奇观，光线照射会呈现种种变化，形成池水同源而色泽不一的奇观，人们称它为五彩池。

五彩池青山吐翠，近6000米高的岷山主峰雪宝鼎巍然屹立在眼前。漫步池边，无数块大小不等、形状各异的彩池宛如盛满了各色颜料的水彩板，蓝绿、海蓝、浅蓝等，艳丽奇绝。

湖水色彩的形成，主要源于湖水对太阳光的散射、反射和吸收。太阳光是由不同波长的单色光组合而成的复色光，在光谱中，由红光至紫光，波长逐渐缩短。

五彩池如蹄、如掌、如菱角、如宝莲，千姿百态。巨大的水流沿沟谷漫游，注入梯湖彩池，层层跌落，穿林、越堤、滚滩，极富有观赏情趣。

进沟的第一池群，掩映在一片葱郁的密林之中，穿过苍枝翠叶，20多个彩池参差错落，波光闪烁，层层跌落，水声叮咚；有的池群池埂低矮，池水漫溢，池岸洁白，水色碧蓝，在阳光照射下，呈现五彩缤纷的色彩。

有的池中古木老藤丛生，如雄鹰展翅，似猛虎下山，各种飞禽走兽造型惟妙惟肖，栩栩如生；有的池中生长着松、柏等树木，或探出水面，或淹没于水中，婀娜多姿，妩媚动人，给人们以美妙的幻觉。

五彩池盛不下那么多画中秀色，于是水飞浪翻一路流淌，在长达3千米的脊状坡地上，形成了气势磅礴的又一奇观金沙铺地。

原来，在山水漫流处，沿坡布满一层层乳黄色鳞状钙华体。阳光下伴着湍急的水波，整个沟谷金光闪闪，看上去恰似一条巨大的黄龙从雪山上飞腾而下，龙腰龙背上的鳞状隆起，则好像它的片片龙甲。

红星岩海拔4300米，位于漳腊盆地东侧，岷山山脉西坡。

■ 黄龙风光

■黄龙岷山风光

梦幻的自然

　　在很早以前有一个传说，传说中黄龙有4个很高的山寨，它们就是垮石寨、牛流寨、红星寨和黄龙寨。

　　黄龙寨里有一个名字叫作玉翠的姑娘十分美丽，有一天玉翠上山采药，遇到了同样采药的红星寨藏族青年红星，两人一见钟情。

　　正当玉翠和红星准备结婚的时候，垮石寨的官员却看上了非常美丽的玉翠姑娘，打算强占玉翠为妻。红星非常气愤，发誓要用自己的一切来捍卫神圣的爱情。

　　红星和官员约定好在雪山顶上以立木桩为标记，谁先射中木桩，玉翠就嫁给谁，并请牛流寨的村长作为证人。当村长吹响角号的时候，就意味着比武正式开始了。

　　阴险狡诈的官员张弓射箭，趁着红星不防备的时候发冷箭射中了红星，中箭的红星愤怒地举起刀向官员砍去，官员死在了红星的刀下，同时，垮石寨也被红星砍得粉碎。

　　后来，红星失去了生命，他的伤口不断涌出鲜血，鲜血染红了山岩。悲痛的玉翠看着心爱的人永远离开了自己，最后凝成了一座雪峰蠢立在那里。这就是关于红星岩凄美的爱情故事。

　　红星景观海拔较高，以第四纪冰川作用形成的大量奇峰异石地貌景观和冰川堰塞湖为其显著特色，由于人迹罕至，更增添了几分神秘色彩。湖面呈不对称的五角星形，宁静秀丽，周围繁花似锦。

　　在其悬崖中部绝壁上有一处红色岩洞，像鲜血染红一般，其成因至今未知。每当风起云涌之时，岩洞隐没在云雾里，阳光照射时，却有一道红色的光芒冲破云雾时隐时现，诡谲奇幻。

　　四沟是一条开阔的古冰川沟谷。沟口一带为平坦开阔的洪积阶地，古色古香的深山小镇黄龙乡就位于这里。

　　黄龙乡是一个山区小镇，极具特色。平缓的山坡上镶嵌着一块块粉红色的荞麦田，路边是一片片碧绿的青稞地，圆木建成的围栏顺着弯弯曲曲的土路，一

吊脚楼 也叫"吊楼"，为苗族、壮族、布依族、侗族、水族、土家族等民族的传统民居。吊脚楼依山就势而建，呈虎坐形，以"左青龙，右白虎，前朱雀，后玄武"为最佳屋场，后来讲究朝向，或坐西向东，或坐东向西。吊脚楼属于干栏式建筑，干栏是全部悬空的，所以称吊脚楼为半干栏式建筑。

■ 黄龙风光

■四川黄龙牟尼沟扎嘎瀑布

直通向远方的原始森林，民居吊脚楼错落有致地分布在路旁，在煮奶茶的淡蓝色烟雾中，牛群、羊群时隐时现。

沟内的主要自然景观，是第四纪冰川遗迹和原始森林。沟源头由奇异多姿的冰蚀地貌及近代地震灾害景观组成。一个个突然塌陷的巨大山地台阶，猛烈崛起的岩石断层，无不令人触目惊心。

除此之外，沟内还有高山荒漠景观，形同高原上的戈壁滩。它们都是远古剧烈的喜马拉雅造山运动留下的遗迹。

戈壁滩分水岭上是广阔的高山草甸牧场。站在分水岭上，可俯视九寨沟源头多姿的冰川堰塞湖及无垠的原始森林。古时候川西北著名的"龙安马道"就经过这里，沟内至今仍留有宽阔的古代马道。

牟尼沟位于松潘县城西南，有扎嘎瀑布和二道海两个景观。它集九寨沟和黄龙之美，却更为原始清净，而且无冬季结冰封山之碍。山、林、洞、海等相映生辉，林木遍野，大小海子可与九寨沟的彩池媲美，钙化池瀑布可与黄龙瑶池争辉。

扎嘎瀑布是一座多层的叠瀑，享有"中华第一钙华瀑布"的美誉。瀑布高93米，宽35米至40米，湖水从巨大的钙化梯坎上飞速跌落，气势磅礴，声音可以传送至5千米以外。

整个瀑布有3个台阶，第一个台阶中间有一水帘洞，洞内大厅高6米，面积约50平方米，厅内钟乳石遍布，似宝塔、似竹笋，玲珑剔透，形状逼真。

上百个层层叠叠的钙华环型瀑布玉串珠连，经三级钙华台阶跌宕而下，冲击成巨大钙华面而形成朵朵白花，瀑声如雷，声形兼备。在大瀑布第二阶的钙华壁上，有一个水帘洞，洞口水流飞挂，洞内气象万千。

溅玉台是一座圆形的平石台，当瀑布从高山绝顶往下倾泻，跌落在此平台时，立刻浪花飞溅，如同白玉。经过一段陡峻的栈道，可以到达瀑布中段的观景台，从这里往下俯视可以看到飞珠溅玉的溅玉台。离开观景台，栈道开始变陡。经过一段狂瀑，就到达扎嘎瀑布的源头。

瀑布下游约4000米，流水随着地势落差形成环行彩池，池水从鱼鳞叠置的环行钙华堤坎翻滚下来，形成层层的环行瀑布，一池一瀑，

■ 黄龙盆景池

蔚为壮观。

　　林中叠瀑下，台池层叠，溪谷幽深。从谷底沿栈道行走，可观赏到红柳湖、卧龙滩、绿柳等。

　　野鸭湖位于扎嘎森林腹地，是野鸭、野生灰鹤及各种水禽的乐园。每年都有大量候鸟飞来湖畔栖息，有的野鸭把这里当成了久居的家园。

　　古化石位于三联镇通往扎嘎瀑布和石林的入口一带。由于这里长期处于原始、封闭的状态，大量史前动植物化石和海洋生物化石没有遭受任何破坏，这里成了研究古生物学的资料宝库。

　　月亮湖位于扎嘎沟原始森林中的螺蛳岭山腰处。湖水清澈见底，湖畔灌木丛生，山花灿烂。夜晚一轮弯月透过密林映入湖中，湖水呈宝石蓝色，幽静神秘，恍如仙境。

　　石林是古化石游道上最后一处景观。这里的石柱、石笋造型奇特，有的如亭亭玉立的少女，有的似勇猛的古代甲兵，有的像挺拔的松柏，更多的仿佛各种各样的动物，千姿百态，变幻莫测。

■四川黄龙钙华池沟壑

　　翡翠泉是我国十大名泉之一。当地人很早就发现泉水可以治病，一些患有胃病、关节炎的人常来此地取水，或饮用，或沐浴。翡翠泉被当地百姓视为"神泉"和"圣人"，不准任何人破坏。

　　据科研人员测定，翡翠泉水属低钠含锶的高碳酸泉，含有锌、锶等多种对人体有益的微量元素，不仅是符合国家标准的天然优质饮用泉水，而且还具有较高的医疗价值。

　　二道海和扎嘎瀑布仅一山之隔。二道海的名称据说来自小海子、大海子这两个主要湖泊。

　　《松潘县志》中也有记载说，"二道海，松潘城西，马鞍山后，二海相连如人目"，因此叫作二道海。

　　二道海山沟狭长，长达5000米，中间有栈道相连。沿栈道上行，沿途可观赏到小海子、大海子、天鹅湖、石花湖、翡翠湖、人参湖、犀牛湖等，个个宛如珍珠、宝石。

　　湖水清澈透明，湖底钟乳与湖畔奇花异草、绿柳青树在原始密林的衬托下，经柔和的阳光普照，缤纷夺目，变幻万千。

夏秋季节，满湖开满洁白的水牵花，花海难分，极具特色。海与海之间由栈道连接，错综复杂，几座凉亭为二道海平添几分野趣。

自二道海上行有一棵古松，松下是一座温泉，名叫珍珠湖，又名煮珠湖，相传是九天仙女在这里煮珠炼泉营造出的祛病沐浴池。这里水温较高，即便是大雪冰封的严冬时节，水温也在25℃左右。池边硫黄气味浓烈，常有人在此沐浴，据说能医治皮肤百病。

黄龙沟著名景观有黄龙涪源桥、洗身洞、金沙铺地、盆景池以及黄龙洞等。这些景观只是黄龙冰山一角，但已经令人目不暇接了。

涪源桥位于黄龙沟口西侧，因建于涪江源头而得名，是涪江源头第一桥。这里是一小型山间盆地，四周青山环抱，绿草如茵，涪江干流就是从这里蜿蜒东去的，消失在角峰层叠、万剑插空的丹云峰丛，非常壮观。

涪源桥整个桥体为木结构，建筑风格朴拙、雄浑。顺着用石板、原木铺成的栈道缓缓而上，呼吸着林中树木的馨香，伴着耳畔清脆婉

梦幻的自然

■四川黄龙迎宾池

■ 黄龙五彩池

转的鸟鸣，游人仿佛漫步在一座巨大的天然氧吧。

　　进入黄龙自然保护区，撩开松苍柏翠的帷帐，一组精巧别致、水质明丽的池群，揭开了黄龙自然保护区的序幕，这就是黄龙著名的迎宾池。

　　池子大小不一，错落有致，风姿绰约。四周山坪环峙，林木葱茏。春风吹拂之时，山间野花竞相开放，彩蝶舞于花丛，飞鸟啁啾嬉闹，一派春意盎然的景象。山间石径，曲折盘旋，观景亭阁，巧添情趣。水池一平如镜，晨晕夕月，远山近树，倒映池中，相映成趣。

　　流辉池群面积8670平方米，有彩池160多个。池群在周围松柏的映衬和阳光的照耀下，映彩如辉，十分壮观。激滟湖面积约2000平方米。湖水清澈如镜，水底藻类千姿百态，令人赏心悦目。

　　告别迎宾池，沿着曲折的栈道蜿蜒而上，但见千

阁 一种架空的小楼房，中国传统建筑物的一种。其特点是通常四周设隔扇或栏杆回廊，供远眺、游憩、藏书和供佛之用。汉时有"天禄阁""石渠阁"，清时有"文津阁""文汇阁"，指供佛的地方，如文渊阁、佛香阁、阁斋、阁本等。

■ 黄龙风光

梦幻的自然

藏传佛教 或称藏语系佛教，又称为喇嘛教，是指传入西藏的佛教分支。藏传佛教，与汉传佛教、南传佛教并称佛教三大体系。藏传佛教是以大乘佛教为主，其下又可分成密教与显教传承。虽然藏传佛教中并没有小乘佛教传承，但是说一切有部及经量部对藏传佛教的形成，仍有很深远的影响。

层碧水，冲破密林，突然从高约10米，宽60余米的岩坎上飞泻而来。

几经起伏，多次跌宕，形成数十道梯形瀑布。有的如珍珠断线，滚落下来，银光闪烁；有的如水帘高挂，雾气升腾，云蒸霞蔚；有的如丝匹流泻，舒卷飘逸，熠熠生辉；有的如珠帘闪动，影影绰绰，姿态万千，令人神往。

瀑布后面的陡崖，多是凝翠欲滴的马肺状和片状钙华沉积，色彩以金黄为主要基调，使整个画面显得富丽壮观。纵观全景，飞瀑处处，涛声隆隆，气势不凡。一早一晚，经过朝阳和落日的点染，钙华群从不同的角度反射不同的色彩，远远望去犹如彩霞从天而降，分外辉煌夺目，游人宛如置身于迷人的仙境中。

莲台飞瀑瀑布长167米，宽19米，落差高达45米。金黄色的钙华滩如吉祥的莲台，又似嬉水的龙爪，银色飞泉从钙华滩内的森林中直泻潭心，水声震耳，气势磅礴。

洗身洞处在黄龙沟的第二级台阶上。从金沙滩下泻的钙华流，在这里突然塌陷，跌落成一堵高10米、宽40米的钙华塌陷壁，它是目前世界最长的钙华塌陷壁。奔涌的水流从堤埂上翻越而下，在壁上跌宕成一道金碧辉煌的钙华瀑布，十分壮观。

洗身洞洞口水雾弥漫，飞瀑似幕，传说是仙人净身的地方，入洞后方可修行得道。自明代以来，各地道教的道人、藏传佛教的僧人，都要来这里沐浴净身，以感受天地灵气。

相传，本波教远古高僧达拉门巴曾在洞中面壁参禅，终成大道。所以，洗身洞还是本波教信徒心中的一大圣迹。

另外，据传说，不育妇女入洞洗身可喜得贵子。虽无科学道理，但常有妇女羞涩而入，以期生育。

金沙铺地距涪源桥约1338米。据科学家认定，金沙铺地是目前世界上发现的同类地质构造中，状态最好、面积最大、距离最长、色彩最丰富的地表钙华滩流。

这里最宽的地方约122米，最窄处约40米。由于碳酸盐在这里失去了凝结成池的地理条件，因此慢坡的水浪，在一条长约13米的脊状斜坡地上翻飞，并在水底凝结起层层金黄色钙华滩，好似片片鳞甲，在阳光照耀下发出闪闪金光，是黄龙的又一罕见奇观。

黄龙美景

　　盆景池群面积2万平方米，有彩池300多个。池群形态各异，堤连岸接。池堤的大小、高低随树的根茎与地势的变化而各不相同。

　　池壁池底呈黄色、白色、褐色、灰色，斑斓多姿。池旁和池中，木石花草，千姿百态。有的如怪石矗立，有的如倒垂水柳，宛若一个个精妙奇绝的天然盆景。

　　明镜倒映池面积3600余平方米，有彩池180个。池面光洁如镜，水质清丽碧莹，倒映池中的天光云影、雪峰密林，镜像十分清晰。更有趣的是，同样的景物，在各个彩池中呈现的模样也各不相同，游人到此，临池俯照，整视容颜，情趣盎然。

　　这一个个明镜似的彩池，从各个角度将天地万物的面目展示得淋漓尽致，观池水如同看到另一个世界，一种空灵、隽永的意境油然而生，神秘而惊艳。

　　娑萝映彩池的面积为6840平方米，由400多个彩池群组成。娑萝就是杜鹃花，藏族人称作格桑花，羌族人称作羊角花，彝族人称作胖婆娘花。

据植物学家调查，黄龙的杜鹃花品种繁多，花色花形异彩纷呈。有烈香杜鹃、头花杜鹃、秀雅杜鹃、黄毛杜鹃、青海杜鹃、大叶金顶杜鹃、雪山杜鹃、无柄杜鹃、山光杜鹃、红背杜鹃、凝毛杜鹃等。

春末夏初，杜鹃花盛开，白色、红色、紫色、粉红等五彩纷呈，花色与水色交相辉映，诗情画意伸手可掬。

龙背鎏金瀑布长84米，相对高差39米。宽大的坡面上钙华呈鳞状层叠而下，形成一道形状奇异的玉垒，一层薄薄的水被流淌在坡面上，阳光下水被荡漾起银色涟漪，远远看去宛如一条金龙的脊背。

这处景观的色彩以金黄为主，中间零星散落着乳白、银灰、暗绿等色块，生长在钙华流上的簇簇水柳、山花，像河中停泊的彩船，动静相宜，别具特色。

争艳池面积2万平方米，由658个彩池组成，是目前世界上景象最壮观、色彩最丰富的露天钙华彩池群。由于池水深浅各异，堤岸植被各不相同，因此，在阳光的照射下，整个池群一抹金黄、一抹翠绿、一抹酒红、一抹鲜橙，争艳媲美，各领风骚。

走过争艳池，蓦然回首，人们会惊讶地发现，身后一座巨大的山梁，顿时化作了一位美丽的藏族姑娘。蓝天白云之下，她静静地躺在

四川黄龙翠玉彩池

■ 黄龙风光

梦幻的自然

簸箕 有三种物品被称作簸箕：一是一种铲状器具，用以收运垃圾；二是用藤条或去皮的柳条、竹篾编成的扬米去糠的器具；三是指簸箕形的指纹。每个人的指纹都是不一样的，中间成封闭圆形的谓之"箩"，如果开口延伸出去谓之"簸箕"。

群山怀抱里，身着藏族长裙、头佩饰物，头、胸、腹及腰身都惟妙惟肖，甚至挺拔的鼻梁、微笑的嘴唇也清晰可见。

气质非凡的"藏族姑娘"，就像一位在云中驰骋的仙女，累了之后安详地静卧在林海雪原之中。

宿云桥是黄龙沟内的道教文化遗址。桥畔常年云雾缭绕，传说曾有修行之人在此桥夜宿，梦中得道，羽化登仙，故又称为迎仙桥。

接仙桥也属道教文化遗址。传说有虔诚的朝圣者踏上此桥，便听见天际传来袅袅仙乐。过桥后，又看见许多仙人在彩池边舞蹈，七色祥云中，仙人们迎接他进入了瑶池仙境。

玉翠彩池是钟灵毓秀的大自然在这里留下的一块神奇的宝石。过了接仙桥，在迂回的山道旁，一汪碧玉似的湖水突然映入游客的眼帘，湖水颜色浓艳而透明，顿使人情绪高昂，忘记了登山的疲乏。

来到水边，会发现池水的奇妙：同一池水，色彩随人的位置不同而千变万化，或墨绿，或黛蓝，或赤橙，宛如一块露出地面的翡翠，晶莹剔透，闪烁着灵动的光芒，玉翠彩池因此而得名。

在黄龙自然保护区内被称作"海"的只有两个彩池，故称两海。它们一大一小，相距数米，大的形似簸箕，小的状如马蹄。两海静静地隐匿于林荫之中，显得恬静妩媚。它们为什么被称为"海"，至今仍未被考证出来，这似乎又为黄龙抹上了一笔神秘的色彩。

黄龙寺占地千余平方米，属道教观宇。据《松潘县志》记载："黄龙寺，明兵马使马朝觐所建，也名雪山寺。"传说中的黄龙真人就在这座古寺中修炼，并得道成仙。

在古时洪水滔天，大地变为一片汪洋。大禹为治水沿岷江向上，察视江源，来在汶川县的漩口、映秀之间的江岸，早有九条神龙，合计投奔禹王，求其封位，助禹治水。

九条神龙见到禹王察视江源的时候，认为正是好机会，就一同约定去拜见禹王。就在相遇的地方，九条龙卧地叩头朝拜。

禹王突然见九条大虫在前进的道上拦阻，一时惊恐，喊出声"蛇！蛇！蛇！"

为首的一龙听到被称为虫类，一气之下便死去了，其他的龙调头而走，黄龙当时就在卧龙身后，它受惊往回跑，一直沿岷江跑到源

黄龙的森林美景

■ 黄龙风光

梦幻的自然

头，腾飞在雪宝鼎之上空，蓄意发起怒火，对大禹进行报复。

禹王看到九条龙已经逃走了，就继续视察江源。

一天禹王来到了茂州这个地方，江面上突然卷起一层黑浪，想要将大禹所乘坐的木舟掀翻，就在这千钧一发之际，突然从江面飞来金光四射的黄龙，与黑风展开了一场生死的搏斗，黄龙获胜，背着大禹所乘坐的木舟，帮助禹王到了岷江之源。

本来是黄龙正想要报复禹王，没想到忽然看见茂州的江中黑风妖有意想要谋害禹王，黄龙想到大禹为了百姓治水不辞辛苦，认为大禹功大于过，于是黄龙变报仇为报恩，从而战败了黑风妖，助禹治水。

后来，大禹治水成功，向天地祷告，赞黄龙助他治水有功，求封为天龙。黄龙谢封，不愿升天，他留恋这岷山源头，躲藏进原始森林中去了。人们修庙纪念，故得名黄龙寺。这里人们至今歌颂他不记私仇、顾大局、为民造福的美德。

黄龙寺随山就势而造，宏伟壮观。飞格斗拱，雕梁画栋，富丽堂皇。原有前、中、后三寺，殿阁相望，各距五里。现前寺已毁，只剩下一副著名的楹联供后人凭吊：

玉嶂参天，一径苍松迎白雪；

金沙铺地，千层碧水走黄龙。

寺门绘有彩色巨龙，楣上有一古匾，正面书写"黄龙古寺"，左面书写"飞阁流丹"，右面书写"山空水碧"，书法端庄，气势雄浑，堪称一绝。

门前也有一副楹联是"碧水三千同黄龙飞去，白云一片随野鹤归来"，体现着道家天人合一、顺其自然的恬淡风格。

黄龙寺前面，有近万平方米的开阔地，每年都要举办庙会。黄龙古寺是考察川西藏民族历代道教文化演变的重要遗址，也是追溯川西北高原大禹治水史迹的重要佐证。

黄龙洞位于黄龙古寺山门左侧10米处。高30米，宽20米，洞深至今无法考证。黄龙洞又称归真洞、佛爷洞，传说是黄龙真人修炼的洞

■四川黄龙寺

府。在这里，真人、佛爷合二为一，道教、佛教融为一体，是我国宗教的罕见珍品。

黄龙洞洞口仅两米见方，垂直下陷，游人需借助数十级木梯才可下行。春天百花盛开，洞口掩映在一片花海之中。洞口边有一株青松，鳞干遒劲，枝柯盘曲。冬天，大地一片银装素裹，青松俨然如一条随时准备腾空而起的银龙。

黄龙洞其实是一处地下溶洞，洞内幽静，只听见弹琴般的滴水声和地下河低沉暗哑的流动声，它们彼此唱和着，仿佛一曲远古传来的背景音乐。溶洞内钟乳石比比皆是，给人以神秘而圣洁的感觉。

三块天然形成的钟乳石，如盘膝打坐的三尊佛像，伴着宝莲神灯，正在面壁修行。传说这三尊佛像是黄龙真人与他两个徒弟的肉身所化。黄龙真人与徒弟修炼成仙，即登天庭之时遗下肉身在此盘膝打坐，以引导有缘道人。据传说，每逢庙会，佛像胸口还有热气冒出。

洞顶有天然形成的两条飞龙，形象逼真、线条流畅。洞壁还有许多菩萨影像，形神皆备，惟妙惟肖。整个溶洞，密布着无数的石幔、石瀑、精巧玲珑、色泽晶莹、神妙莫测，引人遐想无限。

黄龙洞洞顶时有水珠滴下，传说此水是龙宫酒池溢出的玉液琼浆，饮后可治百病，常饮可长生不老，因此当地藏族同胞经常来这里接水饮用。也有传说，这水是黄龙真人精气所化，神水能辨善恶。善良的人，久淋不湿衣；邪恶的人，稍经水滴便衣衫尽湿。

洞内绝壁处有一条阴河，河水深不可测。据《松潘县志》记载：清同治四年，有远道而来的喇嘛前来归真洞内拜见真人，临走时，将僧帽失落在河中。几个月后，僧人的帽子在距此56千米处的松潘县城南观音崖鱼洞中浮出，由此可已窥见黄龙洞阴河之长。

五彩池面积约2万平方米，有彩池693个，是黄龙沟内最大的一个彩池群。池群由于池堤低矮，汪汪池水漫溢，远看去块块彩池宛如片片碧色玉盘，蔚为奇观。在阳光的照射下，一个个玉盘或红或紫，浓淡各异，色彩缤纷，令人叹为观止。

隆冬季节，整个黄龙玉树琼花，一片冰瀑雪海，

程咬金 （589-665)，字义贞，本名咬金，后更名知节。汉族，济州东阿斑鸠店人。唐朝开国名将，封卢国公，位列凌烟阁二十四功臣。唐太宗贞观年间，官拜左金吾大将军。隋末，程知节和秦琼、尤俊达等入瓦岗军，后投王世充，之后归顺唐军，成为秦王李世民之骨干成员。

■ 黄龙王彩池

唯有这群海拔最高的彩池依然碧蓝如玉，仿佛仙人撒落在群山之中的翡翠，诡谲奇幻，被誉为黄龙的眼睛，是黄龙沟的精华所在。

五彩池中，有一座石塔，据考建于明代，相传是唐代开国功臣程咬金的孙子程世昌夫妇的陵墓。石塔现在大部分已被钙华沉淀埋没，只留下两对石塔尖和翘檐石屋顶静立于碧蓝的水中，给人一种久远、神秘的感觉。

五彩池10米外有一座转花池，藏匿在高山灌木群的绿荫之中，数股泉水从地下涌出，在池面形成无数的波纹，若有人向池中投入鲜花、树叶，它们便会随着不同节奏的涟漪朝不同的方向旋转起来，十分奇异的。偶然又会有两朵鲜花合上了同样的节奏，朝着相同的方向旋转在一起，其原因至今未明。

黄龙庙会期间，许多青年男女来这里投花、投币，以占卜爱情的成败，把转花池围得水泄不通，十分热闹。

阅读链接

映月彩池池边的丛林随季节的变化而四季各异，春夏清姿雅赏；入秋红晕浮面，为景区平添了不少情趣。夜晚，月池中万籁无声，一阵清风拂过，细碎的光影如月中的桂花洒落，清香缕缕。良辰美景融为一体，恍若人间天堂。

传说嫦娥在此沐浴时曾留下姻缘线，人们若有兴趣，可默祷静心后，将手探入池中，如遇到有缘人，必能心灵感应，喜结良缘。

具重要保护价值的自然遗产

　　黄龙自然保护区规模大、类型多、造型奇、景观美、生态完整，具有科学和美学等重要保护价值。

　　黄龙自然保护区自然遗产价值主要表现在巨型地表钙华景观、过渡型的地理结构、最东冰川遗存、高山峡谷江源地貌、生物物种资源宝库、优质的矿泉和浴泉等。

■ 四川黄龙风景

■ 黄龙钙华池

梦幻的自然

寺 《说文解字》
中解释为"廷也"，
即指宫廷的侍卫
人员，以后寺人
的官署称为"寺"，
如"大理寺""太
常寺"等。大理寺
是中央的审判机
关，太常寺则为
掌管宗庙礼仪
的部门。西汉时
建立"三公九卿"
制，三公的官署
称为"府"，九
卿的官署则称
为"寺"。

黄龙的巨型地表钙华景观成为我国自然遗产一绝。黄龙自然保护区的主要景观是地表钙华群，它们规模宏大、类型繁多、结构奇巧、色彩丰艳。

黄龙自然保护区内高山摩天，峡谷纵横，莽林苍苍，碧水荡荡，其间镶嵌着精巧的池、湖、滩、瀑、泉、洞等各类钙华景观，点缀着神秘的寨、寺、耕、牧、歌、舞等各民族乡土风情。

这些奇特的自然景观，景类齐全，景色特异，在高原特有的蓝天白云、艳阳骤雨和晨昏时光的烘染下，呈现神奇无穷的天然画境。

保护区内的钙华景观分布集中。例如，在全区广阔的碳酸盐地层上，钙华奇观仅集中分布在黄龙沟、扎尕沟、二道海等4条沟谷中，海拔3000米至3600米高程段。

保护区内黄龙沟、二道海、扎尕沟分别处于钙华的现代形成期、衰退期和蜕化后期，给钙华演替过程的研究提供了完整现场。

过渡型的地理结构为探索自然奥秘提供了依据。黄龙自然保护区在地理空间位置上处于单元间的交接部位。在构造上，保护区处在扬子准台地、松潘、甘孜褶皱系，与秦岭地槽褶皱系3个大地构造单元的结合部。

在地貌上，它属我国第二地貌阶梯坎前位，青藏高原东部边缘与四川盆地西部山区交接带。在水文上，它是涪江、岷江、嘉陵江三江源头分水岭。

在气候上，它处于北亚热带湿润区与青藏高原和川西湿润区界边缘。在植被上，它处于我国东部湿润森林区向青藏高寒、高原亚高山针叶林草甸草原灌丛区过渡带。动物群落也处于南北区系混杂区。

岷江 古称汶江和都江，以岷山导江而得名，发源于岷山弓杠岭和郎架岭，是古蜀文明的发源地，对四川方言的形成和发展有很大影响，至今在语言学分类中，被称为西南官话代表的四川方言还有一个分支叫岷江话，又叫岷江小片。

■ 黄龙保护区的钙华池

梦幻的自然

雪宝鼎 为岷山主峰，海拔5588米。其山势雄伟，峰体挺拔，崖壁陡峭，奇峰掩映，终年积雪。是道教、藏传佛教圣地。雪宝鼎山区角峰众多，大多四壁陡峭，峰顶尖锐，山势险峻，雄奇巍峨，被人们作为崇高、伟大、圣洁的象征，藏族群众尊之为"神山"。

■ 黄龙保护区的冰碛地貌

保护区被东西向雪山断裂、虎牙断裂和南北向岷山断裂，扎尕山断裂、交叉切错。而且黄龙本部与牟尼沟在岩性、层序、沉积等古地理条件和地层构造、构造形迹上均有较大差异。

这种空间位置的过渡状态，造成自然环境的复杂性，为各学科提供了探索自然奥秘的广阔天地。

黄龙自然保护区是我国最东部的冰川遗存地。海拔3000米以上的黄龙自然保护区留有清晰的第四纪冰川遗迹，其中以岷山主峰雪宝鼎地区最为典型。它的特点是类型全面，分布密集，最靠东部。

这一地区山高地广，峰丛林立，仅海拔5000米以上高峰就达7座，其中分布着雪宝鼎、雪栏山和门洞峰3条现代冰川，这一区域成为我国最东部的现代冰川保存区。这一地区主要冰蚀遗迹有角峰、刃脊、冰蚀堰塞湖等。

■ 黄龙喀斯特岩洞

主要冰碛地貌有终碛、中碛、侧碛、底碛等，分布在各冰川谷中，其中终碛主要分布高程为3000米至3100米、3600米至3700米、3800米至3900米。总之，这里的现代冰川和古冰川遗迹与钙华之间的关系，都具有重要的科研价值。

高山峡谷形成独特的江源地貌。黄龙自然保护区地貌总体特征是山雄峡峻，角峰如林，刃脊纵横；峡谷深切，崖壁陡峭；枝状江源，南直北曲。这里高程范围大多数是冰蚀地貌，气势磅礴，雄伟壮观。

保护区的喀斯特峡谷也比较多见，这些喀斯特峡谷空间多变，崖峰峻峭，水景丰富，植被繁茂。依谷底形态分，有丹云喀斯特溪峡、扎尕钙华森林峡和二道海钙华叠湖峡等数种。

黄龙自然保护区境内涪江江源为一个主干东西树枝状水系，上游河床宽平，下游峡谷深曲，南侧支流平直排列，北侧支流陡曲排列，形成上宽下深、南直北曲的独特江源风貌。

黄龙彩池风光

梦幻的自然

　　黄龙自然保护区具有优质的矿泉和浴温。矿泉水主要出自牟尼沟。经国家有关部门鉴定，这里的水质富含锶、二氧化碳，是优质天然饮用矿泉水。

　　此外，在牟尼沟的二道海沟，还有一处温泉群，水温在22℃左右，温泉喷出的水柱近半米高，每升含硫0.16毫升，更是优质的药用浴泉。

阅读链接

　　黄龙自然保护区内主景沟是一条浅黄色地表钙华堆积体，形似一条金色的巨龙。钙华体上，彩池层叠，飞瀑轰鸣，流泉轻唱，奇花异草，古木老藤点缀其间，大熊猫等珍稀动物常有出没。还有保护区的3400多个钙华彩池在阳光照射下，一尘不染，流光溢彩。

　　在黄龙沟区段内，同时组接着几乎所有钙华类型，并巧妙地构成一条金色巨龙，翻腾于雪山林海之中，实为自然奇观。

湖南武陵源

武陵源风景名胜区位于我国湖南省张家界市与慈利、桑植两县交界处。

武陵源的景观类型主要为砂岩峰林景观，次为灰岩喀斯特溶洞景观、灰岩喀斯特峡谷景观、高山湖泊景观和人文景观等。这里集"山峻、峰奇、水秀、峡幽、洞美"于一体，到处是石柱石峰、断崖绝壁、古树名木、云气烟雾、流泉飞瀑和珍禽异兽，风光秀美，堪称人间奇迹，鬼斧神工，生态价值极高，是世界自然遗产的宝贵财富。

奇特瑰丽的地质地貌

　　武陵源自然保护区的地质地貌以规模大、造型奇、景观美、生态完整、科学价值和美学价值高等特点，具有重要的保护价值。

　　武陵源峰林造型景体完美，像人、像神、像仙、像禽、像兽和像物，变化万千。

■武陵源山川

■ 武陵源溪流

武陵源石英砂岩峰林地貌的特点，属于层状层组结构，即厚石英砂岩夹薄层和极薄云母粉砂岩或页岩，这一组成结构，有利于大自然的造型雕塑。岩层裸露平缓，增加了岩石的稳定性，为峰林拔地而起提供了先决条件。

武陵源岩层垂直节理发育还显示出等距性特点，节理间距一般在15米至20多米，为塑造千姿百态的峰林地貌和幽深峡谷提供了条件。

基于上述因素，加之地壳在区域新构造运动的间歇抬升、倾斜，流水侵蚀切割、重力作用、物理风化作用、生物化学等多种外营力的作用下，这里的山体按复杂的自然演化过程形成峰林，显示出高峻、顶平、壁陡等特点。

武陵源石英砂岩质纯、石厚，石英含量高，岩层厚，为国内外所罕见，极具独特性。

鹞子寨 位于张家界国家森林公园东北方向，与黄石寨，杨家界形成"三足鼎立"之势。鹞子寨顶海拔1500米，以险著称，据说鹞子都难以飞过，所以取名叫鹞子寨。原名腰子寨，因形似腰子而得名。据说明清和民国年间，这里是当地百姓躲避兵匪的地方，现存有石寨遗址。

■武陵源石英砂岩峰林

武陵源石英砂岩峰林地貌，是在晚第三纪地质年代以来漫长的时间里，由于地壳缓慢产生的歇性抬升，经流水长期侵蚀切割的结果。它的发展演变，经历了平台、方山，峰墙，峰林，残林四个主要阶段。

石英砂岩峰林地貌形成的最初阶段，为边缘陡峭、相对高差几十米至几百米，顶面平坦的地貌类型，顶面由坚硬的含铁石英砂岩构成，如天子山、黄石寨、鹞子寨等处的平台方山地貌。

随着侵蚀作用的加剧，沿岩石共轭节理中发育规模较大的一组世理形成溪沟，两岩石陡峭，形成峰墙，如百丈峡即属此类型。

流水继续侵蚀溪沟两侧的节理、裂隙、形成峰丛，当切割至一定深度时，则形成由无数挺拔峻峭的峰柱构成的峰林地貌。如十里画廊、矿洞溪等处的地貌特征。

峰林形成后，流水继续下切，直至基座被剥蚀切穿，柱体纷纷倒塌，只剩下孤立的峰柱，即形成残林地貌。随着外动力地质作用的继续，残林将倒塌殆尽，直至消亡，最终形成新的剥蚀地貌。在武陵源泥盆系砂岩分布区的外围地带则为此类地貌类型。

在地球上，与武陵源石英砂岩峰林地貌类似的典型地貌主要有喀斯特石林地貌及丹霞地貌等。

武陵源石英砂岩峰林地貌是世界上独有的，具有相对高差大，高径比大，柱体密度大，拥有软硬相间的夹层，柱体造型奇特，植被茂盛，珍稀动植物种类繁多等特点。

特别是它拥有独特的、而且目前保存完整的峰林形成标准模式，即平台、方山、峰墙、峰林、峰丛、残林形成的系统地貌景观，在此地区得到完美体现，至今仍保持着几乎未被扰动过的自然生态环境系统。

因此，无论是从科学的角度还是从美学的角度评价，张家界砂岩峰林地貌与石林地貌、丹霞地貌以及美国的丹霞地貌相比，其景观、特色更胜一筹，是世界上极其特殊的、珍贵的地质遗迹景观。

武陵源石英砂岩峰林地貌包含的地球演化、地质地貌形成机制、独特的自然美、典型的生态环境系

丹霞地貌 系指由产状水平或平缓的层状铁钙质混合不均匀胶结而成的红色碎屑岩，受垂直或高角度节理切割，并在差异风化、重力崩塌、流水溶蚀、风力侵蚀等综合作用下形成的有陡崖的城堡状、宝塔状、针状、柱状、棒状、方山状或峰林状的地形。

■武陵源石英砂岩

统、人地协调的和谐美及丰富多彩的民族文化艺术等，成为国内外少有的教学科研基地。

来自我国和世界各国的专家学者，在公园从事过地学、民族学、生物学、生态学、民俗文化学、旅游开发与管理等的研究，积累了丰富的研究资料，形成了石英砂岩峰林地貌形成机制、发育特征等一整套完整的理论体系，进一步丰富了地球科学的研究。

武陵源构造溶蚀地貌，主要出露于两叠系、三叠系碳酸盐分布地区，面积达30.6平方千米，可划分为五亚类，堪称为湘西型岩溶景观的典型代表。

溶蚀地貌主要形态有溶纹、溶痕、溶窝、溶斗、溶沟、溶槽、石芽、埋藏石芽、石林、穿洞、洼地、石膜、漏斗、落水洞、竖井、天窗、伏流、地下河和岩溶泉等。

武陵源的溶洞主要集中在索溪峪河谷北侧及天子山东南缘，总数达数十个。以黄龙洞最为典型，被称为"洞穴学研究的宝库"。黄龙洞在洞穴学上，具有游览、探险以及科学考察方面的特殊价值。

武陵源石英砂岩峰林

武陵源剥蚀构造地貌分布在志留系碎屑地区，有三大类。碎屑岩中山单面山地貌，分布在石英砂岩峰林景观外围的马颈界至白虎堂，和朝天观至大尖一带。

武陵源的河谷侵蚀堆积地貌，可分为山前

冲洪扇、阶地和高漫滩三大类型。山前冲洪扇类型分布于武陵源沙坪村，发育于插旗峪至施家峪一带；阶地类型主要分布在索溪两岸，它的二级为基座阶地，高出河面5米左右；高漫滩类型主要分布在军地坪至喻家嘴一线，面积达5平方千米。

武陵源回音壁一带上泥盆系地层中的砂纹和跳鱼潭边岩画上的波痕，是不可多得的地质遗迹，不仅可供旅游参观，而且是专家学者研究地球古环境和海陆变迁的证据。分布在天子山两叠系地层中的珊瑚化石，形如龟背花纹，称为龟纹石，是雕塑各种工艺品的上好材料。

武陵源的自然景观绚烂多彩，种类齐全。峥嵘的群山，奇特的峰林，幽深的峡谷，神秘的溶洞，齐全的生态，幻变的烟云，丰富的水景，清新的空气，宜人的气候，幽雅的环境，被誉为科学的世界、艺术的

■武陵源天子山　因明朝初期土家族领袖农民起义领袖向大坤自号为"向王天子"而得名。天子山东临索溪峪，南接张家界，北依桑植县，是武陵源景区四大风景之一。天子山位于"金三角"的最高处，素有"扩大的盆景，缩小的仙境"的美誉。

■ 武陵源金鞭溪

罗汉 是阿罗汉的简称。有杀贼、应供、无生的意思，佛陀得道弟子修证最高的果位。罗汉者皆身心六根清净，无名烦恼已断。已了脱生死，证入涅盘。堪受诸人天尊敬供养。于寿命未尽前，仍住世间梵行少欲，戒德清净，随缘教化度众。

世界、童话的世界和神秘的世界。

登上天子山、黄狮寨、腰子寨、鹰窝寨等高台地，举目四顾，无论是高山之上，还是群山环抱之中，都耸立着高低参差、奇形怪状的石峰。俯瞰千峰万壑，如万丛珊瑚出于碧海深渊，奥妙无穷。

武陵源石峰从峰体造型看，或浑厚粗犷，险峻高大，或怡秀清丽，小巧玲珑。阳刚之气与阴柔之姿并存。从整体气势上来品评，武陵源石峰符合"清、丑、顽、拙"的品石美学法则。

从峰体的色彩来看，由于石英砂岩的特殊岩质，武陵源峰体或者像潇洒倜傥少男，或者像鲜活红润的少女，朝气勃勃，伟岸不群。

武陵源石峰还具有奔放不羁的野性美，形态变化多端，各有其妙。有的像金鞭倚天耸立，直入云端；有的似铜墙铁壁，威武雄壮，坚不可摧；有的像宝塔倾斜，摇摇欲坠，似断实坚。

金鞭岩三面如刀劈斧削一般，棱角分明，金黄微赤岩身，拔地突起，直入霄汉，垂直高度达300余米，在阳光照射下，鞭体光彩熠熠，气势咄咄逼人。

在金鞭岩对面，又有一座垂直高度为300多米，被人叫作比萨斜塔的醉罗汉峰，它由西向东倾斜约10度，站在峰下仰望，顿觉风动云移，罗汉摇摇欲坠。像这样野性十足、不拘一格的奇峰怪石，在武陵源不胜枚举。

武陵源有"水八百"之称，素有"久旱不断流，久雨水碧绿"的说法。这里的溪、泉、湖、瀑、潭，门类齐全，异彩纷呈。金鞭溪连着索溪，把沿途自然风景珠玑缀成一串，构成一副美妙的山水画卷。

鸳鸯瀑布从高达百余米的悬岩飞泻直下，远处听声，如雷隆隆，回荡峰壁；近观瀑形，好像有大小"银龙"在跳跃，形、声、色俱佳，豪情四射。

武陵源的金鞭溪、十里画廊、黑槽沟等峡谷，都是幽深奇秀、隐天蔽日的地方。这里的峡谷蜿蜒伸展，两旁树木葱茏，杂花香草点缀其中。

■武陵源黄龙洞奇观

武陵源的地下溶洞壮美神奇，构景妖娆，妙趣横生。丰富多彩的自然景观有机地排列组合，相互衬托，交相辉映，构成虚实相济、含蓄自由的山水佳境，具有独特的审美情趣与美学价值。

景观奇美齐全的黄龙洞，是我国超级地下溶洞长洞，规模庞大，最宽处200米，最高处51米，总面积为5.2万平方米，被称为"洞穴学研究宝库"。

武陵源植被繁茂，种类繁多，尤其以武陵源松生长奇特，造型奇美，耸立峰顶，其形古朴，其神邈远。

武陵源具有多姿多彩的气候景观。雨后初霁，先是缥缈大雾，继而化为白云沉浮，群峰在无边无际的云海中时隐时现，如蓬莱仙岛，玉宇琼楼，置身其间，飘飘欲仙，有时云海涨过峰顶，然后以铺天盖地之势，飞滚直泻，化为云瀑，蔚为壮观。

武陵源秀美和谐的田园风光共有7处，尤其以沙坪风光最佳。这里，索溪与百丈溪合流，田园平缓上升，直至峰峦，相互衔接，融为一体。田园之中，村宅点缀，绿树四合，翠竹依依，朝夕炊烟弥漫升腾，景致淡雅怡适。田野风光，又因四时农作物不同而变幻多彩，创造出一种具有浓烈抒情氛围的田园乐章。

阅读链接

空中田园坐落在天子山庄右侧经老虎口、情人路方向2000米处的土家寨旁，海拔1000余米。

它的下面是万丈深渊的幽谷，幽谷上有高达数百米的悬崖峭壁，峭壁上端是一块有3公顷大的斜坡梯形良田。田园三方峰峦叠翠，林木参天，白云缭绕，活像一幅气势磅礴的山水画。

登上"空中田园"，清风拂袖，云雾裹身，如临仙境，使人有"青峰鸣翠鸟，高山响流泉，身在田园里，如上彩云间"之感。

珍贵的自然遗产价值

　　武陵源在区域构造体系中，处于新华夏第三隆起带。在漫长的地质历史时期内，大致经历了武陵—雪峰、印支、燕山、喜马拉雅山及新构造运动。武陵—雪峰运动奠定了本区基底构造。

　　印支运动塑造了基本构造地貌格架，而喜马拉雅山及新构造运动是形成武陵源奇特的石英砂岩峰林地貌景观的内在因素之一。

■ 武陵源风光

■武陵源溶洞奇观

梦幻的自然

基于上述因素，加之在区域新构造运动的间歇抬升、倾斜、流水侵蚀切割、重力作用、物理风化作用、生物化学及根劈等多种外营力的作用下，山体则按复杂的自然演化过程形成石英砂岩峰林，显示出高峻、顶平、壁陡等特点。

武陵源构造溶蚀地貌，主要形态有溶纹、溶沟、溶洞等十多种。溶洞主要集中于索溪峪河谷北侧及天子山东南缘，总数达数十个。

以黄龙洞最为典型，被称为"洞穴学研究的宝库"，在洞穴学上具有游览和探险方面特殊的价值。

剥蚀构造地貌分布于志留系碎屑地区，碎屑岩中山单面山地貌，分布于石英砂岩峰林景观外围的马颈界至白虎堂和朝天观至大尖一带。

河谷地貌可分为山前冲洪扇、阶地和高漫滩。前者分布于沙坪村，发育于插旗峪—施家峪峪口一带；索溪两岸发育两级阶地，二级为基座阶地，高出河面3米至10米；军地坪—喻家嘴一线高漫滩发育，面积达四五平方千米。

武陵源回音壁上泥盆系地层中砂纹和跳鱼潭边岩画上的波痕，是不可多得的地质遗迹，不仅可供参观，而且是研究古环境和海陆变迁的证据。分布在天

新构造运动 主要是指喜马拉雅运动，特别是上新世到更新世喜马拉雅运动的第二幕中的垂直升降。一般来说，新构造运动隆起区现在是山地或高原，沉降区是盆地或平原。地质学中一般把新近纪和第四纪时期内发生的构造运动称为新构造运动。

子山二叠系地层中的珊瑚化石，形如龟背花纹，故称"龟纹石"。

武陵源的地质地貌具有突出的价值。构成砂岩峰林地貌的地层主要由远古生界中、上泥盆统云台观组和黄家墩组构成，地层显示滨海相碎屑岩类特点。

岩石质纯、层厚，底状平缓，垂直节理发育，岩石出露于向斜轮廓，反映出砂岩峰林地貌景观形成的特殊地质构造环境和基本条件。

外力地质活动作用的流水侵蚀和重力崩坍及其生物的生化作用与物理风化作用，则是塑造武陵源地貌景观必不可少的外部条件。因此，它的形成是在特定的地质环境中由于内外的地质重力长期相互作用的结果。

泥盆系 是泥盆纪形成的地层，可分下、中、上三个统、八个阶。在我国南方，下统曾叫"云南统"，中统曾叫"广西统"，上统曾叫"湖南统"。下泥盆统包括莲花山阶、那高岭阶、郁江阶；中泥盆统包括北流阶、东岗岭阶或四排阶、应堂阶；上泥盆统包括余田桥阶和锡矿山阶。

■ 武陵源的晨雾

雕塑 是造型艺术的一种。又称雕刻，是雕、刻、塑三种创制方法的总称。指用各种材料创造出具有一定空间的可视、可触的艺术形象，借以反映社会生活、表达艺术家的审美感受、审美情感、审美理想的艺术。在原始社会末期，居住在黄河和长江流域的原始人，就已经开始制作泥塑和陶塑了。

梦幻的自然

■武陵源溪流

武陵源具有奇特多姿的地貌景观。武陵源共有石峰3103座，峰林造型若人、若神、若仙、若禽、若兽、若物，变化万千。

武陵源石英砂岩峰林地貌的特点是：质纯、石厚，石英含量为75%~95%，岩层厚520余米。具间层状层组结构，即厚层石英砂岩夹薄层、极薄层云母粉砂岩或页岩，这一层组结构有利于自然造型雕塑，增强形象感。

岩层裸露于向斜轮廓产状平缓，岩层垂直节理发育，显示等距性特点，间距一般15米至20余米，为塑造千姿百态的峰林地貌形态和幽深峡谷提供了条件。

武陵源具有完整的生态系统。武陵源位于西部高原亚区与东部丘陵平原亚区的边缘，东北接湖北，西部直达神农架等地，西南联于黔东梵净山。各地生物相互渗透。

■ 武陵源奇景

武陵源多姿多态的溪、泉、湖、瀑，其质纯净，其味甘醇清新，给人以悦目畅神之感。武陵源的云涛雾海，神秘莫测，千变万化，时而蒸腾弥漫，时而流泻跌落，时而铺展凝聚，时而舒卷飘逸。

武陵源具有一定的观赏价值。武陵源的景体宏大，自然景观绚烂多彩。群山之峥嵘，峰林之奇特，峡谷之幽深，溶洞之神奥，生态之齐全，烟云之幻变，水景之丰富，空气之清新，气候之宜人，环境之幽雅等自然特色，被誉为科学的世界，艺术的世界，童话的世界，神秘的世界，奇特的峰林，磅礴的气势。

石英砂岩峰林奇观是武陵源奇绝超群、蔚为壮观的胜景，具有不可比拟性、不可替代性、不可分割

梵净山 原名"三山谷"，位于贵州省铜仁市，得名"梵天净土"。梵净山乃"武陵正源，名山之宗"，是全国著名的弥勒菩萨道场，是与山西五台山、四川峨眉山、安徽九华山、浙江普陀山齐名的中国第五大佛教名山，在佛教史上具有重要的地位。

性，堪称大自然中最为杰出的作品。武陵源峰林在世界峰林"家族"中是独一无二的。

武陵源石峰造型奇特。从峰体造型看，阳刚之气与阴柔之姿并具，从整体气势上符合"清、丑、顽、拙"的品石美学法则，给人以赏心悦目之感。

再从峰体的色彩来看，由于石英砂岩的特殊岩质，使其峰体色彩既无苍白之容，也无暮年之态，似潇洒倜傥鲜活红润的少男少女，朝气勃勃，魅力无穷。武陵源石峰具有奔放不羁的野性美，各臻其妙。

武陵源的水景多姿多彩。以"久旱不断流，久雨水碧绿"为特色。溪、泉、湖、瀑、潭齐全，异彩纷呈。金鞭溪衔连索溪，把沿途自然风景的"珠玑"缀成一串，构成美妙的山水画卷，并给人以动态美感。

武陵源的武陵松苍劲神异："峰顶站着松，峰壁挂着松，峰隙含着松，松枝摇曳三千峰"，写出了武陵松苍郁虬枝，刚毅挺拔，姿态秀美的特征，它不畏烈日暴雨、雷电击打、冰雪严寒，以裸露的钢爪般的顽根紧抓峰隙，给武陵源奇峰着绿披翠，给人以力量和勇气。

武陵源的云海变幻神诡。雨过初霁，雪后日出，登高远瞻，时而云腾烟涌，峰峦沉浮；时

■武陵源石峰

珠玑 通常指珠宝，珠玉，圆的叫珠，不圆的叫玑。有的形容水珠，有的形容自然景观的美丽，还有的形容说话有文采，比喻优美的文章如字字珠玑等。如唐代方干在诗作《赠孙百篇》中说："羽翼便从吟处出，珠玑续向笔头生。"

梦幻的自然

■ 武陵源峰林

而回旋聚拢，白"浪"排空；时而茫茫一片，铺天盖地；时而化为云瀑，泻落峡谷；时而徐徐抖散，挂壁练峰。

由峰林形成的峰海和由松林形成的林海，飘浮在烟云形成的云海里，形成动中有静，静中有动，动静结合的美丽画面。

武陵源从美的形态组合来看，既有雄奇、幽峭、劲捷、崇高、浑厚的阳刚之美，又有清远、飘逸、冲淡、瑰丽、隽永的阴柔之美。武陵源的山与水，峰与雾，峰与松，无不体现出既对立又统一的形式美。

形态美与意境美交相生辉。武陵源的奇峰怪石、溪、泉、湖、瀑、幽峡、奥洞以及树木花草等自然景物的形态结构方式，无不符合美的形式法则，因而能够赋予人的气质、情感和理想，使人心旷神怡，形成

山水画 我国山水画简称"山水"。以山川自然景观为主要描写对象的中国画。形成于魏晋南北朝时期，但尚未从人物画中完全分离。隋唐时始独立，五代、北宋时趋于成熟，成为中国画的重要画科。在传统上按画法风格，山水画分为青绿山水、金碧山水、水墨山水、浅绛山水、小青绿山水、没骨山水等。

美好意境。

登高看到石峰林立、山峦绵延的奇观，使人感到眼界阔大，心胸宽广，倍感人生美满、幸福，更加激励奋发信念。在金鞭溪幽峪里，又会使人产生宁静淡泊的雅趣。

自然美与艺术美珠联璧合。武陵源塑造了千变万化的风景空间，它们有着不同的形式和个性，不同个性的欣赏空间构成了色彩斑斓的风景特色。

千姿百态的自然景物，具有时空艺术美，同时它又融进了社会艺术美，如富有浓郁生活气息的概括命名，广为流传的神话历史故事等。这种化景物为情趣的结果是审美的再创造，是自然美与艺术美的高度和谐统一。

大自然鬼斧神工与精雕细琢，将这里变成今天这般神姿仙态。有原始生态体系的砂岩、峰林、峡谷地貌，构成了溪水潺潺、奇峰耸立、怪石峥嵘的独特自然景观。武陵源独特的石英砂岩峰林为国内外罕见，成为它奇绝超群的胜景。

有名可数的就有黄龙洞、观音洞、龟栖洞、飞云洞、金螺洞等，"冰凌钟声""龙宫起舞"都是黄龙洞的精华所在。

阅读链接

武陵源集"山峻、峰奇、水秀、峡幽、洞美"于一体，岩峰千姿百态，耸立在沟壑深幽之中。溪流蜿蜒曲折，穿行于石林峡谷之间。

这里有甲天下的御笔峰，别有洞天的宝峰湖，有"洞中乾坤大，地下别有天"的黄龙洞，还有高耸入云的金鞭岩。无论是在黄狮寨览胜、金鞭溪探幽，还是在神堂湾历险、十里书廊拾趣，或是在西海观云、砂刀沟赏景，都令人有美不胜收的陶醉，发出如诗如画的赞叹。